LA VIGNE
L'OIDIUM, LE VIN

TROIS LEÇONS DU COURS DE CHIMIE AGRICOLE

[illegible]

SUIVIES D'UNE

NOTICE SUR LA PRÉPARATION DES BOISSONS ARTIFICIELLES

PAR

A. BAUDRIMONT

Chevalier de la Légion d'honneur,
Professeur à la Faculté des Sciences de Bordeaux, professeur de chimie agricole,
[illegible] agrégé libre de la Faculté de Médecine de Paris,
[illegible] membre de l'Académie impériale de Bordeaux,
ancien président de la Société Philomathique et membre du Conseil municipal de la même ville,
membre de la Société d'agriculture de la Gironde,
de la Société des sciences physiques et naturelles, de l'Institut des provinces,
correspondant du Ministère de l'Instruction publique
pour les travaux historiques,
de la Société de Secours des Amis des Sciences
et de plusieurs Sociétés savantes.

A BORDEAUX
CHEZ P. CHAUMAS, LIBRAIRE-ÉDITEUR
FOSSÉS DU CHAPEAU-ROUGE, 34

1861

LA VIGNE — L'OÏDIUM — LE VIN

LA VIGNE
L'OÏDIUM, LE VIN

TROIS LEÇONS DU COURS DE CHIMIE AGRICOLE

Institué près la Faculté des Sciences de Bordeaux

SUIVIES D'UNE

NOTICE SUR LA PRÉPARATION DES BOISSONS ARTIFICIELLES

PAR

A. BAUDRIMONT

chevalier de la Légion d'honneur,
professeur à la Faculté des Sciences de Bordeaux, professeur de chimie agricole,
professeur agrégé libre de la Faculté de Médecine de Paris,
membre de l'Académie impériale de Bordeaux,
ancien président de la Société Philomathique et membre du Conseil municipal de la même ville,
membre de la Société d'agriculture de la Gironde,
de la Société des Sciences physiques et naturelles, de l'Institut des provinces,
correspondant du Ministère de l'Instruction publique
pour les travaux historiques,
de la Société de Secours des Amis des Sciences,
et de plusieurs Sociétés savantes.

A BORDEAUX

CHEZ P. CHAUMAS, LIBRAIRE-ÉDITEUR
FOSSÉS DU CHAPEAU-ROUGE, 34

1861

Le cours de chimie agricole que je fais chaque année à la Faculté des Sciences de Bordeaux ne pouvant être suivi par la plupart des personnes qui auraient intérêt à étudier les principes qui y sont exposés et les applications qui en découlent, j'ai pensé qu'il serait utile et opportun de livrer à la publicité les leçons que j'ai faites cette année sur la vigne, l'oïdium et le vin.

Obligé de me renfermer dans un cadre étroit, je me suis cependant efforcé de ne négliger aucun fait d'une importance réelle pour le viticulteur.

J'ai donné des détails sur l'anatomie et la physiologie de la vigne, sur sa sève et sur les cendres de ses diverses parties. J'ai été conduit ainsi à dire quelques mots des procédés de torsion, de pinçage et d'arrachement qui ont été tour à tour proposés pour en augmenter et en améliorer les produits.

La gelée du 6 mai et les accidents qui en sont résultés ont été étudiés d'une manière toute spéciale.

L'oïdium, qui se renouvelle sans cesse, a été examiné sous tous les points de vue. L'action des agents qui lui ont été opposés a été discutée ; le procédé de soufrage a été décrit, et le petit nombre des produits qui pourront peut-être rivaliser avec le soufre ou en faciliter l'action ont été signalés.

Le moût et la fermentation ont été l'objet de développements aussi considérables que l'état de la science a pu le permettre.

Des détails précis et pratiques ont été donnés sur le sucrage du moût et du marc. Il en a été de même de l'alcoolisation du vin et du moût.

Le plâtrage des vins a été aussi l'objet d'un examen tout particulier.

Des notions assez étendues sur la préparation des vins mousseux ont été exposées.

Le moyen de régulariser la fermentation des vins blancs a été indiqué.

La composition générale des vins a été longuement étudiée.

Le vieillissement et les maladies des vins ont été examinés au double point de vue de leurs causes et des moyens qu'il convient d'employer, soit pour hâter le premier, soit pour prévenir les dernières ou y remédier.

Enfin, j'ai terminé cette exposition par la publication de la troisième édition d'une Notice sur la préparation des boissons artificielles propres à remplacer le vin. J'ai insisté surtout sur l'amélioration de la piquette qu'il importe de rendre potable, sur la préparation d'une bière excellente, ainsi que sur l'emploi du sorgho saccharifère pour remplacer les produits de la vigne et des pommiers dans les endroits où ces plantes ne peuvent croître, comme dans les landes. J'ai donné des formules pour préparer plusieurs boissons que l'on peut obtenir instantanément par de simples mélanges et qui peuvent être très-utiles aux voyageurs, aux navigateurs et aux armées en campagne.

Enfin, je me suis efforcé de réunir dans cet opuscule les faits épars de la science et de la pratique se rattachant à l'œnologie. Puisse-t-il être utile à ceux qui voudront bien le consulter.

BAUDRIMONT.

Ce 7 septembre 1861.

LA VIGNE. — L'OÏDIUM. — LE VIN.

LA VIGNE.

Messieurs,

Dans les cours qui ont précédé celui que je termine cette année, j'ai beaucoup insisté sur la culture des landes, sur celle du pin et sur les nombreux produits que l'on en tire. La maladie qui sévit depuis si longtemps sur la vigne, et plusieurs demandes qui m'ont été adressées, m'engagent à traiter d'une manière plus spéciale, de ce végétal, de l'oïdium et du vin, comme complément et comme application des principes qui ont été développés dans la première partie de ce cours.

La vigne est trop connue et trop appréciée dans ce pays pour qu'il soit utile de vous entretenir de son origine, de ses cépages, et des différents modes de culture auxquels on la soumet selon les terrains où elle croît. Les détails dans lesquels il faudrait entrer exigeraient des développements qui dépasseraient les limites dans lesquelles je dois me renfermer; mais il conviendra d'examiner sa structure anatomique et les fonctions physiologiques de ses principaux organes.

Comme toutes les plantes persistantes d'un ordre élevé, la vigne se compose d'une racine, d'un tronc, de rameaux, de feuilles, de fleurs et de fruits.

Les racines sont terminées par une multitude de radicules blanches et filiformes, d'un tissu tendre et formé de cellules accolées les unes aux autres. C'est par ces radicules qu'elle absorbe l'eau du sol, chargée des différents produits qu'elle peut dissoudre et qui sont préparés dans les conditions multiples que nous avons longuement étudiées : courants aqueux interstitiels, absorption d'oxygène, fermentation, combustion, réactions chimiques nombreuses et dissolution. Non-seulement elle absorbe cette sève primitive préparée dans le sol, mais elle lui rend aussi divers produits, ainsi que cela est démontré par les plantes entières que l'on plonge dans l'eau qu'elles colorent et qu'elles corrompent; par l'observation dont je vous ai entretenus de la perte de térébenthine par les racines du pin maritime des dunes, et par des observations antérieures faites par Macaire Princep, à la demande de l'illustre botaniste Auguste-Pyrame de Candolle. Ces observations, quoique faites sur d'autres plantes, paraissent pouvoir se généraliser, et rien n'indique que l'on n'en puisse faire l'application à la vigne.

Les sucs puisés dans le sol par les radicules, pénètrent dans les nombreux vaisseaux de la racine et de la tige, dans les cellules qui les accompagnent, et arrivent ainsi par le pétiole des feuilles dans toutes leurs nervures et jusques dans le parenchyme qui forme la partie la plus abondante de leur limbe. Là, en présence de la matière verte, et sous l'influence de la lumière solaire directe ou diffuse et de produits aériformes absorbés par une foule de petites ouvertures nommées *stomates*, d'un mot grec qui veut dire *bouche*, elle est profondément modifiée et devient apte à la nutrition du végétal. Elle retourne alors sur ses pas et forme ce que l'on appelle la sève descendante. Cette sève, lorsqu'elle parvient aux tiges, circule principalement entre le bois et l'écorce.

Les lianes, et dans nos climats les chèvre-feuilles qui s'enroulent autour des tiges ligneuses des végétaux, démontrent, par les renflements qui existent au-dessus des liens qu'ils forment, que c'est bien la partie descendante de la sève qui est apte à la nutrition; c'est à cette sève que l'on a donné le nom de *cambium*. Plusieurs botanistes célèbres, Dupetit-Thouars, Godichaud, en ont nié l'existence; mais quoique leurs vues renferment des aperçus nouveaux faisant connaître des faits irrécusables, on ne peut nier que la nutrition ne se fasse par un fluide, puisqu'un fluide est le seul agent qui puisse se transporter là où il est appelé à fonctionner.

Vous voyez ici le dessin amplifié de la coupe d'un rameau de vigne poussé depuis la gelée du 5 au 6 mai. Au centre est une masse de tissu cellulaire vert qui pénètre entre les intervalles laissés par les faisceaux fibreux qui l'entourent. Puis vient un deuxième rang de faisceaux fibreux, plus forts que les précédents, qui leur sont opposés et égaux en nombre. Les fibres qui forment ces derniers sont très-tenaces et très-résistantes; elles sont constituées par de la cellulose beaucoup plus pure que celle des faisceaux précédents; puis viennent les dernières couches corticales.

Comme toutes les plantes dicotylédonées ou exogènes, la vigne s'accroît entre le bois et l'écorce. De nouveaux cycles de faisceaux s'ajoutent extérieurement à ceux qui constituent le bois, tandis que de nouvelles fibres prennent place en dedans des précédentes. L'écorce devenant insuffisante pour envelopper ces nouveaux produits, se fend, s'exfolie et se détache peu à peu, comme celle du pin et du platane, qui présentent ce phénomène de la manière la plus évidente.

Dans la tige, comme dans la feuille, l'anatomie nous fait défaut. On ne sait pas si les fluides reviennent par les vaisseaux qui les ont apportés ou par d'autres vaisseaux, ni quels sont ces vaisseaux. On ne connaît pas non plus d'une manière bien précise les canaux dans lesquels circulent les fluides élastiques. J'ai entrepris des expériences pour obtenir des renseignements à cet égard; je m'empresserai de vous les communiquer lorsqu'elles seront terminées.

La fleur de la vigne, comme toutes les fleurs complètes, se compose d'un calice, d'une corolle, d'étamines et de pistil.

Le calice est à cinq divisions très-courtes; les pétales qui composent la corolle sont au nombre de cinq; il en est de même des étamines; ces deux derniers ordres d'organes sont opposés l'un à l'autre, c'est-à-dire que chaque étamine correspond au milieu d'un pétale. Le pistil est formé d'un ovaire à deux loges, surmonté de deux stigmates qui ne sont visibles qu'au moment de la floraison. Ils diminuent insensiblement, pour ne former qu'une petite pointe située à l'extrémité du grain de raisin, et qui souvent disparaît complétement avant qu'il ait atteint sa maturité. L'ovaire est *supère,* en d'autres termes il est au-dessus des étamines qui sont insérées à sa base.

La figure ci-jointe représente cette fleur.

La corolle y manque parce que les pétales qui la forment sont réunies par le sommet, et tombent comme une coiffe lors de son épanouissement.

Les parties les plus centrales de la fleur, les étamines et le pistil, sont les plus importantes. L'ovaire est destiné à former le fruit après avoir éprouvé la fécondation. C'est à l'étamine qu'appartient cette fonction importante.

L'étamine est formée d'un filet adhérent à la fleur par une extrémité, et portant une anthère à l'extrémité de sa partie libre. Ce dernier organe est une espèce de poche double, contenant une matière pulvérulente toute spéciale nommée *pollen.* Le pollen est destiné à porter la vie dans l'organe central.

Le pollen de la vigne a la forme d'un ellipsoïde aplati, ou plutôt d'un rhombe dont les angles sont arrondis. Son grand axe a 5 centièmes de millimètre de diamètre; le petit axe n'en a que deux. La figure ci-jointe représente ce pollen, vu avec un grossissement linéaire de 400 parties pour une.

» Lorsque la fleur proprement dite est arrivée au plus haut période de son développement, les anthères s'ouvrent, le pollen s'en échappe, s'applique sur le stigmate, y pénètre et féconde l'*ovule* qui doit former la graine. Si quelque accident s'oppose à l'accomplissement de cet acte indispensable, le grain ne se forme point, et l'on dit que la vigne a *coulé*.

Les principales causes de la *coulure* sont une pluie abondante trop longtemps continuée et une gelée tardive. La pluie entraine le pollen et l'enlève sans qu'il ait pu adhérer au stigmate. Une gelée tardive, que l'on observe quelquefois dans le nord de la France, peut détruire complétement les organes de la reproduction; elle peut aussi, sans les détruire, les altérer assez profondément pour qu'ils ne puissent plus remplir leurs fonctions.

Comme toutes les fleurs d'une même grappe n'atteignent pas leur entier développement dans le même temps, et qu'il est rare qu'il pleuve pendant toute la durée de la floraison, il arrive qu'une grappe peut avoir une partie de sa graine fécondée et l'autre coulée.

Quelques viticulteurs pensent que l'oïdium est aussi une

cause de coulure; car ayant vu, depuis l'origine de l'*épi-phytie,* de la vigne couler sans cause appréciable, ils ont pensé que ce fait, nouveau pour eux, pouvait être attribué à l'existence *latente* (cachée) de ce parasite.

L'ovaire de la vigne a deux loges, et il arrive souvent que l'une d'elles seulement a été fécondée. Il arrive encore que des grains de raisin non fécondés et dans lesquels on ne trouve aucune graine, peuvent cependant se former : le raisin de Corinthe est dans ce cas.

On observe un fait analogue chez les animaux : des femelles d'oiseaux élevées en cage peuvent pondre sans jamais avoir reçu l'influence du mâle, mais leurs œufs sont inféconds. De même que chez les animaux supérieurs il faut un mâle et une femelle pour en obtenir la reproduction, de même chez les végétaux complets il faut le concours d'un pistil et d'une étamine, ou plutôt d'un *ovule* et du *pollen* pour que leur graine soit susceptible de germer.

L'ovaire a deux loges. Il semble d'abord être formé par deux pistils adossés; mais cette distinction s'efface bientôt : le stigmate disparaît, comme cela a été dit précédemment, les deux parties dont il se forme se soudent intimement, et le grain du raisin ne présente alors aucune trace extérieure de cette disposition; cependant, si on le coupe en travers, on voit au milieu que les graines sont adossées, et cela indique que le fruit du raisin a conservé intérieurement sa disposition primitive.

La graine ou le pépin du raisin renferme une amande dont on peut extraire de l'huile; son *épisperme* ou son enveloppe contient un principe astringent dont on peut reconnaître l'existence à la saveur après l'avoir mâché.

Autour de la graine est une pulpe formée de grandes

cellules, qui contiennent d'abord un suc acide et acerbe ; mais par la maturation, elles finissent par contenir un suc très-sucré, qui donne le moût par l'écrasement.

C'est dans l'*épicarpe* ou l'enveloppe du fruit que réside entièrement la matière colorante, et lorsqu'on le mâche, on sent aussi qu'il est plus acide et plus acerbe que la pulpe.

Le *pédoncule*, ou rachis, ou grappe, a aussi une saveur astringente très-prononcée, qui est due à la présence d'une espèce de tannin. La connaissance de ces notions anatomiques est indispensable, comme on le verra par la suite. C'est par elles qu'un homme intelligent peut se rendre compte de ses observations, et modifier à son gré le résultat qu'il se propose d'obtenir.

La sève ascendante de la vigne a été l'objet des recherches de plusieurs chimistes. On peut en obtenir facilement des quantités considérables en coupant l'extrémité d'un des rameaux de cette plante. Il suffit d'incliner ce rameau et de l'introduire dans une bouteille pour la recueillir.

M. Couerbe, de Verteuil (Gironde), a analysé récemment la sève de la vigne ; il a trouvé la composition suivante :

Gaz, 22 cent. cubes formés de { air atmosphérique.	19^{cc} 5
{ oxygène..........	2, 5.
Sucre cristallisable............................	0,154
Glairine, 0,080, matière for- { matière azotée.....	0,050
mée de.............. { carbonate de chaux	0,025
{ silice.............	0,005
Tartrate de chaux............................	0,564
— de magnésie........................	0,023
Oxyde de fer.........	0,003
Chlorure de calcium	0,004
Phosphate de soude..........................	0,057
Acide malique..............................	0,336
	1,221

Un litre de sève lui a donné en moyenne, par l'évaporation, un résidu sec pesant 1^{gr} 294.

La substance à laquelle M. Couerbe a donné le nom de *glairine* est une matière verte qui se dépose en flocons dans la sève lorsqu'on l'évapore. La faible quantité de matière qui a été recueillie n'a pas permis d'en faire une analyse complète ; mais ce savant a pu constater qu'elle était azotée, et il admet qu'elle a probablement la composition d'une matière *albuminoïde*. *(Actes de l'Académie Impériale de Bordeaux,* 1854, p. 474.)

La vigne abandonne quelquefois spontanément un liquide qui porte le nom de *pleurs* ou de *larmes de la vigne.* Ce produit, d'après l'analyse qui en a été faite par Geiger, et vu la grande quantité de résidu qu'il donne à l'évaporation, 0,0255, doit contenir de la sève descendante.

Dans le résidu de l'évaporation, ce chimiste a trouvé :

Acide malique, malate de potasse et chlorure de calcium. 0,0030
Tartrate acide de potasse contenant de la chaux....... 0,0012
   — de chaux................................... 0,0004
Sulfate de potasse et albumine en quantité indéterminée, plus du gaz carbonique.

Dans toutes les sèves de divers végétaux qui ont été analysées jusqu'à ce jour, on a trouvé du sucre ou une matière analogue au sucre, une matière azotée, albuminoïde, des sels à acides organiques et des sels minéraux.

Le sucre abonde dans la canne à sucre et la betterave ; on en trouve en quantité très considérable dans la sève d'un érable du Canada. *(Acer saccharinum,* L.) J'ai trouvé dans la sève du pin dit *maritime* de nos contrées, une matière non fermentescible, mais précipitable par le réactif de Fromherz, et par conséquent analogue à la lactine ou sucre de lait.

La matière albuminoïde est aussi très-variable, selon son origine; mais en général, si elle n'est immédiatement coagulable par la chaleur, elle peut être séparée par la chaux hydratée. Cette réaction est d'un ordre spécial et toute *particulaire,* ainsi que nous avons eu occasion de le voir d'une manière générale. On en profite pour clarifier les sucs des végétaux dans l'industrie. C'est sur elle qu'est fondée la défécation des sucs de canne et de betterave.

Les acides organiques peuvent aussi varier, selon la nature des plantes.

Quant aux sels minéraux, ils sont directement puisés dans le sol; mais ils subissent sans doute des transformations en pénétrant dans le tissu végétal.

Indépendamment des principes qui viennent d'être examinés d'une manière générale, la sève renferme une foule d'autres produits qui varient selon les espèces végétales; des corps neutres non azotés ou azotés, des acides organiques et probablement des alcaloïdes.

Comme on le voit par son analyse, la sève ascendante renferme déjà des tartrates qui sont des sels que l'on rencontre presque exclusivement dans la vigne : la seule action des radicules et les réactions qui s'opèrent en traversant les vaisseaux et la multitude des cellules qui les entourent, donnent donc déjà lieu à une création spéciale.

La quantité de sève qui circule dans la vigne est très-considérable; c'est ce qui permet de comprendre comment la faible quantité de matière qu'elle renferme peut donner lieu à une création abondante de produits organiques, rameaux, feuilles, fleurs et fruits, en quelques mois seulement.

Un seul rameau de vigne, même dépourvu de feuilles,

peut fournir en vingt-quatre heures un décilitre de sève, pesant un peu plus que 100 grammes, c'est-à-dire ayant un poids beaucoup plus grand que celui du rameau.

Un rameau de vigne dépourvu de feuilles pouvant donner lieu à un écoulement de sève, on en peut conclure que la seule action des radicules suffit pour aspirer énergiquement les sucs de la terre et les élever dans les vaisseaux du cep de la vigne, et les livrer aux nombreuses cellules qui les forment et les entourent. Mais cette action devient plus énergique encore lorsque les feuilles se sont développées ; elles exercent aussi une action spéciale d'aspiration qui s'ajoute à la première. Cette action est grandement favorisée par l'évaporation qui a lieu à leur superficie.

Une feuille de vigne ordinaire pouvant avoir en moyenne deux décimètres carrés de surface, on voit qu'un cep qui ne présenterait que cent feuilles offrirait à l'évaporation une surface de deux mètres carrés.

Le produit de l'exhalation de la vigne peut être recueilli facilement. Pour cela, il suffit d'introduire un rameau intact dans un manchon de verre, d'en opérer l'obturation, soit par un bouchon de liége coupé en deux par son diamètre et présentant une échancrure pour le passage du rameau et un mastic formé de parties égales de cire jaune et de colophane fondues ensemble, soit par une lame de caoutchouc. La condensation des produits pourrait être grandement facilitée, si l'on entourait le manchon avec un linge et si l'on y faisait arriver un filet d'eau.

Hales, Bonnet, Guettard, se sont occupés d'expériences de ce genre, et sans même prendre cette dernière précaution, ils ont recueilli des quantités considérables de liquide.

Vous savez en outre, Messieurs, ainsi que nous l'avons

vu précédemment, que les végétaux absorbent de l'acide carbonique, soit par les stomates de leurs parties vertes, soit par leurs radicules ; que, sous l'influence de la lumière, ils abandonnent de l'oxygène, et que ce fait général est applicable à la vigne.

Vous vous rappellerez aussi à cet égard la comparaison qui a été faite entre les cellules animales et les cellules végétales, et les phénomènes mécaniques, chimiques et organiques qui s'y accomplissent.

Vous savez que les cellules animales, incessamment détruites et renouvelées par la nutrition, absorbent de l'oxygène et émettent de l'acide carbonique ; tandis que les cellules végétales, essentiellement créatrices, agissent d'une manière inverse : elles absorbent de l'acide carbonique et émettent de l'oxygène.

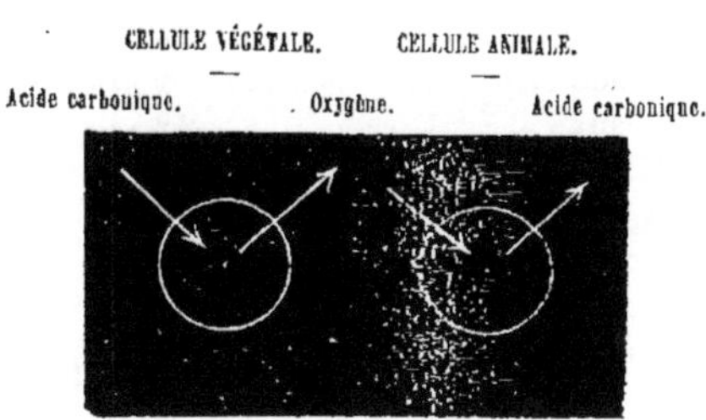

Les cendres de la vigne ont été analysées par plusieurs chimistes : MM. Crasso, Franz, Hruschauer, Boussingault, Berthier et Lévy.

Selon ce dernier chimiste, 100 parties de ce végétal ont donné 2,855 et 2,689 de cendres. Ces cendres avaient la composition suivante :

	1re	2me
Silice	0,0115	»
Acide carbonique	0,1926	0,1712

Acide sulfurique..............	0,0144	0,0220
— phosphorique............	0,0379	0,1440
Chlore.....................	0,0133	0,0042
Oxyde ferrique.............	0,0302	0,0116
Chaux.....................	0,2169	0,3112
Magnésie..................	0,0656	0,0570
Potasse...................	0,1255	0,1928
Soude	0,2065	0,0209
Charbon et perte...........	0,0856	0,0451

On voit, par ces analyses, que les cendres de la vigne sont riches en acide phosphorique et en potasse, et que cette dernière peut, dans certaines circonstances, être en partie remplacée par la soude. On voit encore que le fer y est en quantité très-variable.

M. Boussingault a fait remarquer qu'un hectare de terre cultivée en vigne enlevait annuellement au sol les produits suivants :

Potasse	16^k	42
Soude....................	0	15
Chaux	12	49
Magnésie................	3	24
Acide phosphorique.......	7	23
— sulfurique..........	1	93

Dans le nord de Paris, dans les environs de Compiègne par exemple, où la vigne croit sur un terrain crayeux sans cesse traversé par des courants riches en potasse, la vigne doit enlever au sol une quantité de cet alcali beaucoup plus grande que celle qui vient d'être indiquée; mais les vins produits dans cette circonstance étant très-acides, doivent être cités comme une exception plutôt que comme un exemple.

Le savant agronome que je viens de citer fait avec juste raison remarquer que plusieurs cultures exigent beaucoup plus de potasse que la vigne, et qu'il en est de même de l'acide phosphorique. Cela est démontré par le tableau que vous avez sous les yeux :

	Alcali.	Acide phosphorique.
Pommes de terre, pour 1 hectare...	63^k	14^k
Racines de betteraves.............	90	12
Froment et paille................	27	19

La potasse contenue dans la betterave se retrouve finalement dans la mélasse provenant de l'extraction du sucre de cette racine, et M. Dubrunfaut est parvenu à l'en retirer d'une manière industrielle et à doter ainsi la France d'une matière première qu'elle ne produisait qu'en faible quantité. Il pourrait en être de même de la potasse contenue dans les *vinasses* provenant de la distillation du vin.

M. Crasso et M. Berthier ont analysé séparément les cendres des diverses parties qui constituent la vigne. Les résultats qu'ils ont obtenus sont consignés dans la *Revue scientifique* et dans les *Annales de chimie et de physique*. Il résulte du travail de M. Berthier que les feuilles contiennent plus de matières minérales que le bois, et que celui-ci en contient plus que le raisin.

Quoique la vigne puisse vivre pendant un très-grand nombre d'années, elle présente cependant le caractère de la plupart des plantes bisannuelles : elle ne peut porter des fruits que sur un rameau poussé dans l'année, mais il faut que ce rameau provienne d'un autre rameau âgé de deux ans.

C'est sur cette observation qu'est fondée la taille de la vigne, quel que soit le mode que l'on adopte. On ne peut obtenir de raisin ni sur un rameau de deux ans ou plus ancien, ni sur un rameau venu sur un autre rameau de l'année précédente.

Je n'ai point l'intention d'entrer dans de grands détails sur la culture de la vigne. Seulement, il ne peut échapper à l'observation que le mode de culture auquel on la soumet varie avec le terrain dans lequel elle croît.

Ce fait est évidemment le résultat de l'observation. En comparant la qualité et la quantité des vins, les vignerons ont dû être promptement amenés à préférer tel à tel autre mode de culture, et tous ou presque tous se sont rangés au même avis.

Dans le département de la Gironde, la vigne n'est guère cultivée que sur les bords des grands cours d'eau qui la baignent, et elle s'y trouve répartie dans trois espèces de terrains fort différents les uns des autres : les *palus*, la *grave* et les coteaux tertiaires.

Si nous considérons la rive gauche de la Garonne et de la Gironde, on observe près de l'eau une longue bande de terre d'un brun clair, formée de sable assez fin, mêlé d'argile et de limon ou de vase, qui en relient les parties. On donne à cette terre le nom de *palu;* elle est due à l'alluvion moderne de ces cours d'eau.

L'origine latine de ce nom pourrait porter à penser que les palus sont des marais; mais ils s'en distinguent essentiellement : les marais des environs de Bordeaux sont submergés au moins pendant une partie de l'année. La terre des marais est noire, formée par un sable siliceux grossier, mêlé d'humus et de détritus végétaux qui peuvent se transformer en tourbe. Rien de pareil n'a lieu dans les palus, qui ne sont submergés que lorsque le fleuve déborde.

A partir du fleuve, le terrain s'élève légèrement en amphithéâtre, et donne à l'observation une autre bande de terre d'une couleur presque blanche ou rougeâtre, si elle contient du fer. Elle est formée de galets de quartzite, roulés et empâtés par un sable grossier, blanc, mêlé d'une partie argileuse ou feldspathique ; c'est ce terrain qui a reçu le nom de *grave*. Au-delà vient le sable des landes, qui se trouve répandu sur une étendue immense. La grave est considérée comme appartenant au *diluvium* ou déluge ancien ; mais, quel que soit son âge, nul doute qu'elle n'ait été produite par le fleuve qu'elle circonscrit ; et si l'on remontait le cours de ce dernier, on finirait par trouver en place une partie des roches de quartzite qui lui ont donné naissance.

Le palu, la grave et le sable des landes reposent sur la craie ; mais avant d'y arriver, on rencontre presque partout une couche peu perméable d'*alios* ou d'argile.

L'*alios* a l'apparence du grès ; il est formé de sable dont les parties sont reliées par de la matière organique. J'ai déjà émis l'opinion que cette roche, qui suit tous les contours du terrain, était postérieure au dépôt de ces terrains. L'alios a toute l'apparence d'un minerai de fer ; mais il y a déjà longtemps que M. Fauré a fait voir que sa couleur est due à de la matière organique. En effet, lorsque l'on brûle l'alios, il ne reste le plus souvent que du sable blanc. Cependant, on trouve aussi quelquefois que ce sable est réellement coloré par du fer. M. Fauré a signalé la présence de l'albumine, matière azotée, dans l'alios. De mon côté, j'ai trouvé si peu d'azote dans les échantillons d'alios que j'ai examinés, que cette opinion ne peut être généralisée.

Sur la rive droite de la Garonne et de la Gironde, il existe aussi une bande de terrain de palu d'une largeur variable ; mais le terrain s'élève rapidement pour former une longue colline tertiaire, des flancs de laquelle on extrait du calcaire à bâtir. On retrouve dans quelques endroits, sur cette colline, à Cénon par exemple, des galets de quartzite semblables à ceux de la grave, mais qui sont à une hauteur beaucoup plus grande et reposent sur un tout autre terrain.

C'est dans la grave que viennent les vins les plus recherchés. Là, les vignes sont basses et maintenues en général par de petits échalas qui n'ont que 55 centimètres de hauteur.

Dans les palus, les ceps de vigne sont beaucoup plus hauts. Les échalas qui les maintiennent portent le nom de *carassons* ou de *carassonnes,* selon qu'ils ont 2^{m}65 ou 1^{m}60 de hauteur.

Dans le palu de Floirac, **M.** Laliman a introduit une disposition toute spéciale de la vigne. Il la cultive en *hautains* et fait courir ses branches de manière à pouvoir relier entre elles celles des pieds voisins, et former ainsi des espèces d'espaliers. Les supports sont autant que possible des arbres vivants. Ce mode de culture est peu dispendieux et offre plusieurs avantages : entre autres les jeunes sarments, éloignés du sol, ont échappé à la dernière gelée.

Sur les plateaux tertiaires et dans le Blayais, la vigne est généralement d'une taille moyenne, et maintenue droite par un échalas pour chaque pied. Dans bien des endroits, la vigne est plantée en *règes* ou en lignes espacées, entre lesquelles on cultive divers produits, notamment du blé et des fourrages légumineux.

Quelques viticulteurs se sont posé la question de savoir si ces cultures n'enlèvent point à la vigne des produits qui lui sont indispensables pour donner les fruits les plus abondants et les meilleurs.

Quoi qu'il en soit, lorsque l'on plante la vigne il y a un grand avantage, sinon à niveler le terrain, au moins à en faire disparaître les inégalités, et à la disposer en lignes droites suffisamment espacées, pour que la terre puisse être nettoyée avec une houe à cheval ou avec tout autre instrument spécial.

Depuis quelques années, les viticulteurs trouvent une très-grande économie à employer le fil de fer pour relier les échalas entre eux et pour faire courir la vigne d'un pied à l'autre. Mais il faudrait, autant que possible, établir les *règes* de l'est à l'ouest. Dans cette condition, la vigne reçoit l'influence du soleil pendant le temps le plus long possible.

Cependant, cette disposition n'est pas toujours possible, car sur le versant des collines, on est obligé de disposer les règes de la vigne en bandes horizontales, afin que la houe puisse y être passée avec des animaux. Si les règes étaient disposées de haut en bas, la vigne devrait être entièrement travaillée à la main.

Les cépages ou les espèces et les variétés de vignes exercent la plus grande influence sur la qualité des vins que l'on en extrait.

Quelques-uns mûrissent plus tôt que d'autres, c'est-à-dire que le principe sucré et la matière colorante y atteignent plus tôt leur maximum de développement. Il en est qui sont acides, accerbes ou parfumés. Ces conditions, modifiées encore par la nature du sol, l'exposition et le mode de culture, produisent une infinité de variétés. M. Bouchereau, propriétaire de Carbonnieux, cultive dans un champ spécial une collection considérable de cépages. Il a su réunir ceux des contrées les plus remarquables de l'Europe et de l'Amérique. **M.** Richier, propriétaire à Ludon, a aussi cultivé un grand nombre de cépages différents. **M.** Laliman, de Floirac, a cultivé en quantité notable quelques espèces américaines, qu'il se propose d'introduire en France pour donner de la qualité à certains vins : telles que les espèces dites *Isabelle* et *Catawba*.

Les espèces de vignes sont multipliées, et leur synonymie est tellement variable, selon les localités, qu'il est impossible d'entrer dans les moindres détails à cet égard. Le *malbec*, le grand et le petit *verdot*, le *fer*, le *pousse en l'air* et le *cabernet sauvignon*, sont spécialement cultivés dans le Bordelais pour donner du vin rouge.

Le cabernet sauvignon est parfumé ; mais il donne généralement des produits peu abondants. Il vient facilement dans les graves du Médoc; il a l'inconvénient d'être très-exposé à être atteint par l'oïdium.

Lorsqu'un propriétaire se propose de planter de la vigne, il doit s'enquérir avec soin des cépages qui conviennent le mieux au terrain dont il dispose, et suivre en général le mode de culture approprié à ces terrains.

Les terrains riches en produits utilisables par la vigne et suffisamment humides, donnent en général des produits abondants et d'une qualité ordinaire.

La grave qui est dans une condition opposée à la précédente ne peut nourrir que des vignes basses, et donne les vins les plus recherchés du Bordelais, et notamment du Médoc.

La variabilité du temps et des saisons ne permet pas toujours au raisin d'atteindre une maturité suffisante. On a cherché le moyen de remédier à cet inconvénient. On a pensé y parvenir de plusieurs manières différentes : premièrement, en contraignant la sève à se porter sur le fruit ; secondement, en ajoutant du sucre au moût du raisin. Ces deux moyens ne peuvent atteindre complétement le but proposé.

Pour que le raisin mûrisse, il faut le concours de plusieurs circonstances : une humidité suffisante et une certaine quantité de chaleur et de lumière solaires. Qui ne sait que les raisins venus en serre ou seulement en treilles bien exposées, et par conséquent abritées, fleurissent et mûrissent beaucoup plus tôt que les autres, parce que la chaleur et la lumière concentrées dans le fruit de la vigne y développent plus rapidement la suite des phénomènes qui accomplissent la maturation? En un mot, pour produire une certaine quantité de sucre ou de matière colorante, ou de tout autre produit existant dans le raisin, il faut une certaine quantité de chaleur et de lumière, sans lesquelles les transformations successives qui caractérisent la maturation ne peuvent s'accomplir.

Chez les Romains, on avait remarqué qu'en tordant le pédoncule de la grappe, on hâtait la maturation [1]. Mais ce procédé, qui nuit autant à l'arrivée des sucs nourriciers qu'à leur sortie, devait donner du raisin flétri plutôt que du raisin mûr.

Depuis quelques années, on a proposé de *pincer* ou de *tordre* les jeunes sarments au-dessus des grappes. M. Troubat, propriétaire de la Charente, retranche l'extrémité du rameau par l'arrachement. Par ces différentes opérations, la sève ascendante trouvant un obstacle à sa circulation dans

---

[1] N'ayant point le texte latin à ma disposition, je ne puis garantir l'exactitude de la traduction.

les rameaux supérieurs au fruit, pénètre plus abondamment dans ce dernier et l'augmente en volume en même temps qu'elle en améliore la qualité.

M. Troubat, qui s'est beaucoup occupé de ce procédé, et notamment du dernier, celui d'arrachement, lui accorde une grande confiance. Il va même jusqu'à dire qu'il préserve la vigne de l'oïdium.

L'abondance de la sève ne peut remplacer ni la chaleur ni la lumière du soleil. D'une autre part, il est éminemment probable que la sève élaborée par les feuilles n'est pas étrangère à la maturation des fruits, ainsi que le démontre l'expérience de Chaptal. Ce fait que nous avons observé l'an dernier chez deux propriétaires voisins l'un de l'autre, où celui dont le raisin était entièrement préservé de l'oïdium avait son raisin plus avancé en maturité que celui dont les pousses d'août étaient seulement oïdiées, vient fortement corroborer cette opinion.

Si ces procédés ne peuvent remédier à tous les inconvénients d'une mauvaise année, il ne faut cependant point les repousser, car il est reconnu qu'ils peuvent être pratiqués utilement.

Quant au sucrage des vendanges, il est insuffisant ; car si le sucre cristallisé peut suppléer à celui qui est naturel au raisin, il ne peut tenir lieu ni du ferment ni de la matière colorante qui n'ont point atteint leur développement normal. Nous reviendrons avec détail sur ce procédé dans la prochaine séance.

La gelée qui, dans ces contrées, a sévi sur la vigne dans la nuit du 5 au 6 mai, a, à juste titre, beaucoup préoccupé les viticulteurs, car plusieurs d'entre eux y ont perdu complétement la récolte qu'ils étaient en droit d'espérer d'après les apparences de leurs vignobles.

Cette gelée s'est présentée dans des circonstances qui méritent d'être étudiées.

En général, lorsque la température s'abaisse fortement à une époque aussi avancée de l'année, cela est dû au rayonnement nocturne de la terre. S'il n'y a point de nuages au ciel, ce rayonnement se fait en pure perte, et l'abaissement de la température en est la conséquence. Dans les vallons et les bas-fonds, la perte de chaleur ne peut être aussi considérable que dans les lieux élevés, parce qu'il y a des réflections réciproques d'un point vers un autre qui diminuent leurs pertes. Ce phénomène remarquable se produit à tous les degrés dans la nature, depuis le rayonnement des pics les plus élevés du globe qui sont couverts de neige perpétuelle, jusqu'aux plus faibles anfractuosités du sol. La formation de la rosée, qui résulte de la condensation de l'humidité de l'air sur les lieux refroidis par le rayonnement, est due à la même cause; et l'on peut voir, par exemple, à Arcachon, vers le mois de septembre, que les dépressions du sol sablonneux opérées par les pieds du promeneur, lorsqu'on les observe le matin après une nuit sereine, sont humides à leur partie supérieure et sèches dans leur cavité.

Il était rationnel de penser que la gelée du 6 mai devait être due à la cause qui vient d'être signalée. Cependant, il n'en a point été ainsi : en général, les parties élevées ont été préservées, et les vignes des parties basses, au contraire, ont été gelées.

On sait, par suite d'observations publiées par Chaptal et renouvelées par Numa Grar, que la gelée ne produit d'effets

funestes que lorsque les plantes qui ont subi un abaissement de température sont frappées subitement par les
rayons du soleil levant.

Il se présente deux cas différents : 1° lorsque les sucs
renfermés dans les plantes atteignent la température de
4 degrés au-dessus de zéro du thermomètre centigrade ;
2° lorsqu'ils sont congelés ou solidifiés par la gelée.
Dans le premier cas, ces sucs, qui sont très-aqueux, se
contractent fortement à la température indiquée, qui est
celle du maximum de densité de l'eau. Lorsque le soleil
atteint le végétal, ces sucs s'échauffent, et il en résulte une
dilatation subite qui détruit l'adhésion des éléments des
tissus et les flétrit. Dans le cas de la solidification des sucs,
c'est pour ainsi dire l'inverse qui a lieu : l'eau, en passant
de l'état liquide à l'état solide, se dilate considérablement.
Ce fait est prouvé par la densité de la glace, qui n'est que
de 0,96, lorsque celle de l'eau est l'unité. Cette diminu-
tion de densité est due à une augmentation du volume,
qui est d'ailleurs démontrée par un fait connu de tout
le monde; car chacun de vous, Messieurs, a pu observer
que la glace flotte sur l'eau et est par conséquent moins
dense que cette dernière. Or, si le soleil vient frapper un
végétal dont les sucs sont ainsi congelés, ces sucs se liqué-
fient rapidement, et les tissus du végétal ne pouvant revenir
immédiatement sur eux-mêmes, se trouvent flétris.

Partout où la vigne a été abritée vers le N.-E., c'est-à-
dire du côté où le soleil se levait à l'époque de la gelée, la
vigne a été préservée. J'ai observé ce fait le 6 mai à Bègles,
sur les bords de l'Estey, où une partie de vigne, protégée
par des peupliers, n'était point gelée; et plusieurs jours
après, le long du chemin qui va de la Garonne à La Tresne,

en passant par Floirac : toute la partie protégée par l'ombre de la colline était intacte ; celle qui avait reçu les rayons du soleil levant était gelée.

D'une autre part, comme cela a été dit précédemment, la vigne cultivée en hautains à Floirac par M. Laliman a résisté à la gelée. On sait aussi que la rive gauche de la Gironde a échappé au fléau ; au moins cela a eu lieu à Margaux et m'a été affirmé par M. Pommez.

On a vu aussi, de deux pièces de vignes placées exactement dans les mêmes circonstances, voisines l'une de l'autre et séparées par un simple chemin, l'une d'elles être gelée et l'autre ne l'être pas.

Tous ces faits, qui paraissent bizarres, peuvent cependant être expliqués, si l'on admet le concours du rayonnement et d'un courant d'air froid.

Depuis longtemps, le vent régnant venait d'une région comprise entre le N.-O. et le N.-E. La température était généralement basse, et les journaux nous ont appris que la veille de la gelée il avait neigé à Paris. Or, dans la soirée qui a précédé la nuit où il a gelé, le vent venait du N.-N.-E., et il est probable qu'il a continué à venir de la même direction. Ce vent, qui d'ailleurs devait se mouvoir fort lentement, se divisant à la remonte des collines, a dû suivre les vallées, où il a porté son effet destructeur ; mais partout cet effet a été renforcé par le rayonnement terrestre ; sans cela, les hautains de M. Laliman eussent été gelés aussi bien que les vignes ordinaires. En passant sur la Gironde, il a dû se réchauffer quelque peu, car l'eau de ce fleuve a dû conserver une température supérieure à celle du sol ; il a pu ainsi ne point geler les vignes du littoral ; mais, se refroidissant bientôt au contact du sol, dont la température s'était abaissée par le rayonnement, il a pu de nouveau réagir sur la vigne quelque peu éloignée du fleuve.

La gelée du 6 mai a vivement préoccupé les viticulteurs. Déjà ils avaient fait le sacrifice de leur récolte; mais ils craignaient surtout que la gelée du bois ne leur permît même pas d'espérer le moindre résultat pour l'année prochaine.

La Société d'Agriculture de la Gironde s'est réunie le 14 mai, sous la présidence de M. Gout Desmartres. Après une discussion où chacun est venu apporter le concours de son expérience et de ses lumières, elle a cru devoir rédiger une note par laquelle elle faisait savoir qu'il n'y avait pas beaucoup à se préoccuper d'une nouvelle taille de la vigne pour le moment; que la mort des parties gelées équivalait à une taille réelle et sans perte de sève; que l'on pouvait attendre, mais qu'il conviendrait surtout d'ébourgeonner la vigne pour ne laisser croître que les rameaux utiles. La rédaction du journal *la Gironde,* qui s'était occupée avec un vif intérêt de l'état de la vigne et du traitement auquel il conviendrait de la soumettre, avait convoqué dans ses bureaux une réunion de propriétaires et de viticulteurs, afin d'y discuter ce qu'il y avait à faire dans une circonstance aussi grave.

La réunion était nombreuse, et plusieurs membres de la Société d'Agriculture, y compris son honorable président, s'y étaient rendus.

Plusieurs opinions ont été émises. Chacune d'elles avait sa valeur, et l'état de la question était bien compris de chacun; mais ce qui manquait, c'était le résultat d'expériences certaines. Les théories sont difficiles à établir pour des faits qui se présentent aussi rarement. Plusieurs membres se rappelaient la gelée de 1822, d'autres se rappelaient celle de 1852; mais ce qui paraissait surtout préoccuper les honorables membres de cette réunion, c'était de savoir s'il fallait tailler la vigne ou l'abandonner à elle-même, et, dans le cas où la première opinion serait adoptée, quel mode de taille il faudrait suivre.

M. Saugeon, de l'Académie impériale de Bordeaux et propriétaire à La Tresne, a exposé qu'immédiatement après la gelée, il avait fait tailler sa vigne; qu'il n'y avait point eu de perte de sève, comme on pouvait le craindre, et que jusqu'à ce jour il n'avait rien à regretter relativement à l'opération qu'il avait fait exécuter.

M. Bloy, propriétaire à Saint-Michel de Fronsac, a exercé une influence considérable sur la décision de l'assemblée, car il a parlé de faits accomplis. En 1852, la gelée a sévi vigoureusement sur un vignoble situé à Saint-Michel, et appartenant à sa famille. La vigne a été taillée aux ras de l'*haste* (¹). De nouveaux rameaux se sont promptement développés, la *manne* est apparue, et une récolte notable a été le résultat de cette opération hardie.

M. Ducarpe, de la Société d'Agriculture de la Gironde, m'a répété à plusieurs reprises qu'il avait parfaitement le souvenir de ce qui s'était passé en 1852; qu'il n'était résulté aucun inconvénient de la taille de la vigne, et même que les vignes taillées avaient offert plus d'avantages à leurs propriétaires que celles qui ne l'avaient pas été.

M. Georges, professeur d'arboriculture et de taille de vigne de la Gironde, a admis, comme M. Bloy, que la vigne

---

(¹) J'écris ce nom avec une *h*, car il vient probablement du latin *hasta,* une flèche, une lance, une tige droite.

pouvait être taillée immédiatement, mais il a recommandé de conserver au moins l'œil situé près de l'haste. M. Bloy et toute l'assemblée ont finalement adopté cette dernière opinion.

Là, comme à la Société d'Agriculture, il avait été reconnu qu'il n'y avait rien à faire pour les vignes complétement gelées, et qu'il ne faudrait que rafraîchir celles dont la gelée aurait atteint les parties foliacées sans altérer les mannes. Une lettre résumant ces trois opinions a été ultérieurement publiée dans *la Gironde* par M. Georges.

Depuis cette époque, j'ai visité le vignoble de M. Saugeon. Il n'a point été soumis à une taille aussi radicale que celle demandée par M. Bloy. M. Saugeon s'est surtout préoccupé de conserver du bois pour avoir des rameaux productifs l'année prochaine. Cependant, de nouveaux bourgeons s'étaient développés, quelques-uns même étaient déjà assez avancés pour porter de nouvelles mannes; ces mannes sont pourtant rares, les grains des grappes seront peu nombreux, clair-semés, et la récolte qu'ils pourront donner sera peu abondante.

Depuis cette époque, M. Bloy a écrit une lettre qui a été publiée dans la *Gironde* le 20 juin dernier, pour faire connaître sa manière d'opérer et le résultat qu'il a obtenu.

La taille de la vigne a été commencée quatorze jours après la gelée. Les tiges qui, sur une même haste, étaient entièrement gelées ou à demi-gelées, ont été coupées près du bois en ne réservant qu'un seul bouton.

Les *pousses gourmandes* et les *filleules* ont été enlevées, et enfin, les vignes entièrement gelées ont été laissées dans l'état où elles se trouvaient.

Malheureusement, comme cela a été observé dans la

vigne de **M.** Saugeon, et contrairement à ce qui avait eu lieu en 1852, les bourgeons venus après la gelée n'ont produit que très-peu de mannes, particulièrement sur les vignes de dix ans et au-dessus.

Cependant, **M.** Bloy émet l'opinion que les vignes taillées seront beaucoup plus favorables à la taille de l'année prochaine que celles qui ne l'ont point été.

En résumé, Messieurs, il est permis de conclure des faits observés, qu'après une gelée tardive comme celle du 6 mai, on peut tailler la vigne sans qu'il en résulte de graves inconvénients, et qu'en opérant assez près de l'haste, il est même possible d'obtenir de nouveaux rameaux à fruits.

Toutefois, un résultat quelconque ayant été obtenu à une époque donnée, on ne peut se permettre d'affirmer qu'on l'obtiendra encore à une autre époque, parce que la production du raisin dépend d'un trop grand nombre de circonstances pour qu'il n'arrive pas des différences que l'on ne peut prévoir.

L'OÏDIUM.

Depuis dix ans, les vignes de nos contrées sont attaquées par un être parasite nommé *Oïdium tuckeri*. Ce dernier nom leur a été donné par **M.** Berckley, parce qu'il a été, pour la première fois, observé sur la vigne, en 1845, par **M.** Tucker, dans les serres de Margate.

Quoique **M.** Tucker soit destiné à passer à la postérité avec le souvenir des désastres qui atteignent tous les vignobles, il ne doit pas être très-flatté de voir son nom accolé à celui de l'un des êtres les plus malfaisants du globe terrestre.

Depuis que l'oïdium est apparu sur la vigne, il s'est répandu dans toute l'Europe, en Algérie, en Syrie, et même jusque dans l'île de Madère, où il a exercé de grands ravages.

L'oïdium peut atteindre toutes les parties vertes de la vigne; il apparaît sous la forme d'un duvet blanchâtre, possédant une forte odeur de *moisi*. Examiné au microscope, on voit qu'il est formé de filaments limpides qui paraissent blancs et enchevêtrés les uns dans les autres, comme s'ils étaient feutrés. Cette partie du parasite porte le nom de *mycelium*. Sur ces filaments s'en élèvent d'autres, dressés, qui paraissent cloisonnés transversalement, soit par des espèces de diaphragmes, soit par des tubes soudés bout à bout. L'extrémité de ces nouveaux filaments est terminée par un ou plusieurs renflements ovoïdes qui portent le nom de *spore* ou de *sporange*. Ce renflement renferme une multitude de corpuscules elliptiques, légèrement réniformes (¹). Ces corpuscules portent le nom de *sporules*.

Les sporules contiennent encore des globulins d'une ténuité extrême, que l'on ne peut apercevoir qu'avec un microscope possédant un grand pouvoir amplifiant.

L'oïdium peut se propager de proche en proche par l'extension de son mycelium; mais il le fait surtout à l'aide de ses sporules, qui, étant très-légères, peuvent être transportées par l'air à des distances très-considérables.

Il est probable que chaque article des tigelles de l'oïdium peut devenir une spore, à mesure que celui de l'extrémité se détache.

On peut juger par ces faits que la production de l'oïdium est rapide, immense, et pour ainsi dire sans limites. Il a fallu d'ailleurs qu'il en fût ainsi, pour qu'à peine échappé d'une serre de Margate, il se soit répandu dans le monde entier en un très-petit nombre d'années. Il est donc probable que cette funeste acquisition ne pourra cesser de paraître qu'à l'aide de circonstances que l'on ne peut prévoir. Si l'oïdium cesse dans un lieu, il reparaîtra dans un autre, et doit être dès aujourd'hui pour la vigne ce que sont pour l'homme la variole, la fièvre typhoïde et le choléra asiatique.

Les figures qui suivent sont imitées de celles publiées par **M. V. Rendu** dans son Rapport sur la maladie de la

(¹) Ovales et courbés comme un rein ou rognon de mouton, ou un haricot.

vigne. La première représente l'oïdium vu à l'aide du microscope : son mycelium, ses tubes articulés et ses spores.

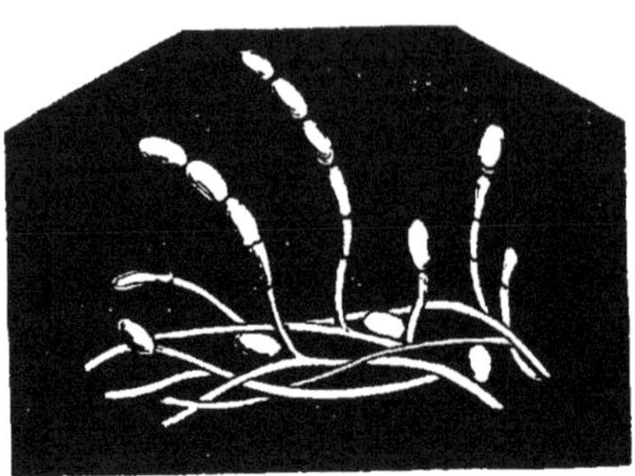

Voici une spore isolée et vue à un très-fort grossissement. On aperçoit les sporules dans son intérieur. Lorsqu'elles sont mûres et qu'on les met en présence de l'eau : elles se gonflent, s'arrondissent, s'ouvrent par quelque point de leur enveloppe, et les sporules s'en échappent. Au-dessous de la figure sont deux sporules vues à un très-fort grossissement.

Les parties de la vigne qui sont atteintes par l'oïdium cessent de s'accroître, se couvrent de petites taches noires qui vont en grandissant, et forment des taches plus grandes, d'une étendue qui peut dépasser un centimètre carré. Les taches sont surtout visibles sur les tiges vertes. Lorsque ces tiges sont conservées jusqu'à l'année suivante, les taches qui les recouvraient peuvent disparaître ; mais il faut au moins deux ans pour qu'il n'en reste aucune trace.

Lorsque le raisin est atteint par l'oïdium, les plus petits grains noircissent et se dessèchent. Ceux qui sont plus avancés se couvrent de pointillés ou de macules, durcissent, se fendent et laissent voir leurs pépins à nu.

Lors même que le raisin oïdié paraît avoir pris un certain développement, il n'a pu mûrir ; il est très-dur et ne donne que peu ou point de suc par le foulage.

On voit ici les différents états du raisin qui viennent d'être indiqués.

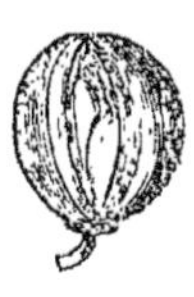

On a reconnu que le raisin oïdié et le peu de vin que l'on en peut tirer lorsqu'il n'est pas trop altéré par le parasite, ne causent aucun mal à ceux qui en font usage comme aliment ou comme boisson.

Une grave discussion s'est élevée dès le commencement de l'*épiphytie,* sur le point de savoir si la vigne était affectée d'une maladie externe ou d'une maladie interne, et cela même avant que cette maladie ait été suffisamment étudiée. Les plus sages sans doute sont ceux qui se sont bornés à lui chercher un remède avant de rien préjuger. Quoi qu'il en soit, le sujet mérite encore d'être examiné.

Il faut d'abord remarquer que l'oïdium n'est pas la maladie de la vigne, et que celle-ci seulement est rendue malade par la présence de ce parasite. Il faut encore reconnaître que les sporules de l'oïdium ont été transportées à des distances immenses, ont traversé les mers sans être réunies à la vigne; mais qu'aussitôt qu'elles atteignent ce végétal, y trouvant une alimentation qui convient à leur nature, elles subissent leur évolution spéciale, en donnant naissance à l'oïdium. Celui-ci réagit sur la vigne, altère ses parties vertes, les seules par lesquelles elle puisse s'accroître, et en arrête le développement.

Dans ce qui précède, tout est extérieur.

Cependant, si l'on considère qu'on ne sait pas ce que devient l'oïdium pendant l'hiver, que certains cépages et surtout certains ceps parmi tous les cépages sont plus aptes que d'autres à contracter la maladie et sont toujours atteints les premiers, on est conduit à penser que la vigne, comme l'homme, peut porter en elle le germe de la maladie, et que ce germe, comme celui de certaines affections de la peau, ne se développe qu'à des époques et dans des circonstances déterminées.

Si l'on joint à ces observations celle des viticulteurs, qui pensent que la vigne coule par l'influence de l'oïdium avant que l'on n'en puisse apercevoir la moindre trace à l'extérieur du végétal, on peut être conduit à considérer la vigne comme étant malade par elle-même, comme ayant ses sucs viciés par des sporules ou des corpuscules circulant avec sa sève, et pouvant, à un moment donné, se faire jour à l'extérieur.

Une particularité relative à l'efficacité du soufre et à son absorption par la vigne ajoute encore aux probabilités qui viennent d'être indiquées; cependant, rien ne prouve d'une manière absolue qu'il en soit ainsi, et maintenant que l'on connaît un moyen dont l'efficacité est certaine pour combattre l'oïdium et annuler ses effets, les idées spéculatives perdent une grande partie de l'intérêt qu'elles peuvent inspirer.

Dès l'origine de l'oïdium, on a cherché les moyens de le combattre, et quoiqu'un moyen très-satisfaisant ait été trouvé, on cherche encore. On a cherché dans la culture, dans des engrais spéciaux, dans l'emploi de liquides plus ou moins malfaisants, dans celui de poudres très-variées : on est allé jusqu'à proposer une espèce d'inoculation.

On a reconnu que les raisins venus très-près du sol ne contractaient point d'alliance avec l'oïdium, d'où le procédé de M. Lambardi. On a pensé que le sol manquait de potasse, et, sans en avoir aucune preuve, on a cherché à lui en donner par des engrais plus ou moins inertes ou nuisibles. On a même été jusqu'à proposer de perforer la vigne et d'injecter une dissolution de potasse par l'ouverture ainsi pratiquée. On a proposé des liquides alcalins, savonneux, goudronneux ou sulfureux, ou même contenant du sulfate de cuivre, pour en asperger le raisin. Tous ces moyens ont échoué, et cela devait être. L'oïdium n'attaque pas que le raisin, mais, comme j'ai eu l'honneur de vous le dire, toutes les parties vertes de la vigne ; et cet élément, sans lequel la végétation s'arrête, est indispensable à l'évolution du fruit. Quant au sulfate de cuivre, substance éminemment vénéneuse, on n'a pas craint d'en essayer l'emploi, malgré tout ce que j'ai pu dire, et dans cette chaire, et dans les réunions de la Société d'Agriculture. Heureusement, cet agent s'est trouvé plus nuisible à la vigne que l'oïdium même, et l'on n'aura pas besoin d'attendre qu'il ait fait des victimes pour en défendre l'emploi.

L'aspersion de la vigne par un liquide est une opération tout à fait insuffisante; il n'y a que les parties touchées qui peuvent en éprouver l'effet. Il est vrai qu'il serait facile de plonger chaque grappe de raisin dans un vase contenant le liquide curatif; mais comme cela vient d'être dit, il ne suffit pas de détruire l'oïdium à la surface du fruit, il faut aussi le détruire sur toutes les parties vertes de la plante.

On a pensé que le goudron serait un agent préservatif et que l'odeur qu'il répand suffirait pour empêcher l'oïdium d'exercer ses ravages. On en a peint les échalas, et l'on n'en a obtenu aucun effet appréciable. On a été jusqu'à en enduire les souches de la vigne, et l'on a reconnu qu'elle en avait souffert.

On a encore pensé qu'il pourrait être possible de trouver quelques plantes incompatibles avec l'oïdium, et qu'en les cultivant entre les règes de la vigne, on parviendrait à éloigner ce redoutable parasite. Mais l'oïdium est passif; il va où les vents le transportent, et non point où il veut. Une telle culture, si l'on avait pu rencontrer la plante convenable, n'aurait pu agir d'une manière efficace qu'en répandant des affluves nuisibles à ce parasite et assez puissantes pour en arrêter le développement.

Dès le commencement de l'épiphytie, n'a-t-on pas vu l'oïdium sur une foule de plantes appartenant à des familles très-variées? Je l'ai vu sur la pensée, sur des rosiers, sur du houblon. On est ainsi conduit à reconnaître que lorsque les circonstances lui sont favorables, le parasite se développe sur toutes sortes de plantes. Il est vrai que des botanistes pourront dire que ce n'était point le même être, qu'il présentait quelque différence de forme; mais c'est là une question de haute philosophie qui ne peut être résolue avec d'aussi chétifs éléments. Ne voit-on pas d'ailleurs les êtres vivants se modifier selon les circonstances dans lesquelles ils se trouvent et se reproduisent?

M. Achille Barbier a proposé tout récemment un procédé auquel il donne le nom d'alcalisage. Ce procédé consiste dans l'emploi d'une dissolution de potasse, à laquelle on ajoute du goudron. Malgré l'importance que lui accorde son auteur, il a tous les inconvénients qui se rattachent à l'emploi des liquides.

On a proposé l'*inoculation* de l'oïdium ou son introduction dans une plaie faite au pied d'un cep de vigne pour en préserver le végétal, et les circonstances ont permis de penser que ce procédé avait réussi. Mais il n'en peut être ainsi, attendu que l'oïdium ne préserve pas de l'oïdium, comme la variole préserve de la variole. L'espèce humaine n'est généralement atteinte qu'une seule fois dans la vie par cette maladie, tandis qu'au contraire un pied de vigne qui a été atteint une fois par l'oïdium est beaucoup plus apte à le contracter que d'autres pieds qui vivent auprès de lui.

Que penser encore de ce brave médecin qui a préconisé une infusion *alcoolique* d'oïdium pour faciliter l'usage de l'inoculation? Évidemment, si cette pratique était utile, elle ne pourrait réussir qu'autant que l'oïdium serait vivant, et celui qui a été pénétré par l'alcool est conservé, mais il est privé de la vie.

On a encore proposé l'emploi de la poussière des grandes routes, celui de la cendre, du plâtre, du soufre.

C'est ce dernier corps, qui avait été employé l'un des premiers, qui a réussi.

Dès l'origine, quelques personnes qui n'avaient qu'entendu parler de la maladie de la vigne sans l'avoir jamais observée, ont pensé qu'elle était due à de petits animaux du genre *acarus,* comme ceux qui produisent la gale, et c'est de là qu'est venue l'idée d'employer le soufre, qui réussit dans le traitement externe de cette maladie. C'est cependant cette origine, fondée sur une opinion sans va‑leur, ridicule même, qui a conduit aux résultats positifs qui ont été obtenus depuis cette époque.

On a d'abord employé la fleur de soufre dont on sau‑poudrait la vigne, rendue humide soit par la rosée, soit par une aspersion d'eau. Ce procédé, qui ne pouvait être appliqué en grand, n'a pas eu de suite. Dès 1852, M. de La Vergne a pratiqué le soufrage à sec dans sa propriété de Morange, commune de Ludon, près Macau, et il a créé ainsi le seul procédé qui ait réussi d'une manière complète jusqu'à ce jour.

Une foule d'expériences ont été faites non-seulement dans le Bordelais, mais dans tout le midi de la France, et notamment en Provence, sous les auspices de M. Marès; et partout le soufrage a réussi lorsqu'il a été convenablement pratiqué.

M. Dufour-Dubergier, que la mort a frappé il y a peu de temps, a fait soufrer les angles et le milieu d'un champ de vigne sans toucher au reste, et il a été reconnu que les parties soufrées ont été les seules préservées.

Mais de nouveaux faits sont venus démontrer d'une manière certaine, indubitable, l'efficacité du soufrage, et c'est surtout à cause de cela que j'ai désiré vous en entretenir; car, je le répète, aujourd'hui le doute n'est plus permis, et je remplis un devoir en essayant de vous faire partager ma conviction.

Avant les vendanges dernières, M. le Préfet a désigné une Commission, composée de MM. Bouchereau, Léo Dufoussat, Ed. de Georges, Carles, et de moi-même, pour étudier les résultats du soufrage de la vigne dans les communes de Ludon et de Macau, et notamment dans le domaine de Morange, appartenant à M. de La Vergne.

Nous nous sommes livrés à une enquête minutieuse, et nous avons reconnu, ce dont nous étions d'ailleurs convaincus d'avance, que le soufrage était un moyen préservatif de l'oïdium, ou, en d'autres termes plus positifs, que le soufre pulvérulent tue l'oïdium sans nuire à la vigne. Il est vrai qu'employé en excès, il peut altérer le vin qui provient des vignes soufrées; mais nous verrons qu'il est facile de corriger cette altération.

Ne voulant point entrer dans tous les détails de nos observations, je me bornerai à citer les faits principaux.

Le vignoble de Morange et celui de Cante-Merle, qui avaient été soufrés selon les indications de M. de La Vergne, étaient dans le meilleur état possible. Celui de l'Hermitage, appartenant à M. de Georges, et qui n'avait pas été soufré depuis le mois d'août, avait ses raisins en très-bon état, mais un peu moins mûrs que ceux de M. de La Vergne. Les pousses d'août, venues principalement au sommet de la vigne, étaient couvertes d'oïdium, visible à distance par la teinte blanchâtre dont il imprègne la vigne. Cet oïdium, venu tardivement, n'avait nullement attaqué le raisin et en avait à peine retardé la maturation.

Le domaine de Mirande, qui n'est séparé du précédent que par un chemin, et dans lequel sont cultivés les mêmes cépages, était dans un état déplorable : la récolte, qui eût été abondante, ainsi que cela pouvait être jugé par les

nombreuses grappes que l'on observait, était entièrement
perdue. Les grains de raisin, moins gros que des petits
pois, étaient desséchés sur la grappe et laissaient entre eux
de grands intervalles. Les fruits qui étaient un peu plus
avancés en maturité avant d'être atteints par l'oïdium,
étaient verts, durs ou fendus. Non-seulement les fruits,
mais les feuilles et les sarmènts, étaient maculés et altérés
par l'oïdium.

Ce domaine n'avait jamais été soufré, et son propriétaire, dont je tairai le nom, avait même défendu que le
soufre fût introduit à titre d'essai dans sa propriété.

Enfin, M. Eyrim, propriétaire dans l'île d'Arès, avoue à
qui veut l'entendre qu'il n'a pas soufré ses vignes pendant
six ans, et qu'il a perdu six récoltes; qu'il les a soufrées depuis, pendant trois années consécutives, et qu'il a obtenu
une suite de trois excellentes récoltes.

Voilà, Messieurs, des faits qui doivent porter la conviction dans tous les esprits. Il convient de soufrer la vigne
pour la préserver de l'oïdium, et il ne faut pas attendre
qu'une récolte soit perdue pour essayer de sauver les suivantes.

Mais il ne suffit pas de dire qu'il faut soufrer la vigne,
il importe de savoir quand et comment cette opération doit
être faite. En un mot, pour le faire avec succès, il faut
avoir une méthode sûre, précise, et autant que possible
fondée sur l'expérience. C'est encore à M. de La Vergne
que l'on doit cette méthode. Elle est simple, facile à mettre
en pratique, et la moins dispendieuse de toutes.

La première chose qu'il importe de reconnaître, est que
toutes les vignes n'étant pas atteintes par l'oïdium, toutes
n'ont pas besoin d'être soufrées.

Ce principe étant admis, il suffit de diviser un champ de vignes en sections plus ou moins étendues, de l'observer soigneusement et régulièrement, et de commencer le soufrage d'une des parties du champ lorsque l'oïdium y apparaît; de les soufrer toutes en même temps, si l'oïdium apparaît partout à la fois.

La première année, cette observation exige beaucoup de vigilance, parce que l'oïdium se développe avec une grande rapidité, et qu'un retard de quelques jours peut lui permettre de se répandre et de produire des altérations notables.

Il importe beaucoup de remarquer les pieds de vigne qui ont été atteints les premiers et de les désigner d'une manière très-évidente, par exemple en peignant leurs échalas en blanc avec de la couleur à l'huile. Ces pieds étant plus aptes à contracter la maladie que les autres, il suffira de les observer dans les années suivantes, et de n'entreprendre le soufrage que lorsqu'ils commenceront à être atteints par l'oïdium. Il est bien entendu d'ailleurs que si, par exception, quelque autre pied en donnait l'indice avant eux, il serait inutile d'attendre les renseignements qu'ils peuvent fournir.

Un seul soufrage ne suffit pas toujours; il faut continuer le même genre d'observation, et recommencer le soufrage si son utilité est indiquée par l'apparition de l'oïdium sur les *ceps moniteurs;* tel est le nom qui leur a été donné par M. de La Vergne.

Le vent ou la pluie peuvent quelquefois enlever le soufre dans certaines parties d'un vignoble ; dans ce cas, il est convenable et prudent de recommencer le soufrage.

J'ai dit que cette méthode est la plus économique, et je tiens à le démontrer.

Les personnes qui n'ont aucune règle précise pour opérer le soufrage, soufrent complétement leurs vignobles à plusieurs reprises, et font ainsi une grande dépense de soufre et de main-d'œuvre qui peut être inutile. En suivant la méthode qui vient d'être indiquée, on ne soufre qu'autant que cela est utile, et il en résulte une véritable économie.

L'an dernier, le vignoble de Cante-Merle, dont le soufrage a été dirigé par M. de La Vergne, a eu ses vignes parfaitement préservées, ainsi que cela a été dit précédemment. Sur 90 hectares, 50 n'ont point été soufrés, 50 ne l'ont été qu'une seule fois et 10 l'ont été deux fois.

La nature du terrain exerce une influence facile à apprécier sur le plus ou moins d'aptitude de la vigne à se couvrir d'oïdium : plus les terres sont humides et riches en principes fertilisants, plus la vigne qui y croît est apte à nourrir l'oïdium. Il résulte de cette observation, que les parties les plus élevées sont plus préservées que les parties basses, et que les vignes plantées dans la grave le sont aussi plus que celles plantées dans les palus.

Il en est de même des cépages. En général, les vignes blanches sont plus attaquées que les rouges; cependant l'*enrageat* résiste assez bien. Les raisins musqués sont presque toujours atteints par le parasite, et parmi les raisins rouges, le cabernet sauvignon, qui donne un des raisins les plus parfumés du Médoc, est aussi l'un des plus aptes à recevoir et nourrir le parasite.

J'ai vu dans une pièce de vigne quelques rangées de cabernet sauvignon être constamment attaquées par l'oïdium, tandis que les autres cépages étaient dans l'état le plus parfait.

Il résulte de cette observation, que les *moniteurs* ne donnent d'indication utile que pour les vignes du même cépage que celui auquel ils appartiennent.

Le prix du soufrage d'un hectare de vigne varie selon le nombre des pieds de vigne et selon la manière de les cultiver. Les vignes basses exigent évidemment moins de soufre que celles qui sont plus élevées.

En général, il faut de 10 à 20 grammes de soufre pulvérulent pour soufrer un cep de vigne.

Pour tout ce qui regarde la pratique du soufrage, on pourra consulter avec confiance les *Règles du soufrage de la vigne,* par M. de La Vergne, et l'*Instruction sur le soufrage de la vigne,* par M. Le Canu, professeur à l'École de Pharmacie de Paris.

Dès l'origine du soufrage, on a fait usage de la fleur de soufre. Depuis quelque temps, on a fait des essais pour la remplacer par du soufre brut pulvérisé. Ces deux variétés de soufre, quoique possédant des propriétés fort différentes, paraissent réussir également.

Le soufre peut être considéré comme étant d'une pureté suffisante, ou au moins comme ne contenant pas de substances minérales, lorsqu'en le brûlant ou le vaporisant sur un test il ne laisse aucun résidu.

Lorsque les vignes soufrées sont atteintes par les rayons solaires, elles émettent l'odeur forte, spéciale et caractéristique du soufre. Ce n'est point celle de l'acide sulfureux ou du soufre en combustion, mais probablement celle de quelque produit contenant moins d'oxygène pour une même quantité de soufre. Ce produit volatil, que nous apprécions par l'odorat, réagit sans doute sur l'oïdium et l'empêche de se développer.

Indépendamment des vapeurs qu'il répand, le soufre doit être absorbé par la vigne sous une forme indéterminée jusqu'à ce jour ; car, l'an dernier, il m'a été remis du raisin qui avait été soufré, qui ne présentait à la vue aucune trace de soufre et qui ne possédait aucune saveur qui pût rappeler ce corps ; cependant, le vin fait avec ce raisin a présenté une forte odeur d'hydrogène sulfuré.

Il résulte de cette observation, que le soufre, qui est insoluble dans l'eau, peut cependant donner naissance à quelque produit soluble qui pénètre dans le raisin. Il est éminemment probable qu'il est absorbé, à l'état de fluide élastique, par les stomates ; qu'il se dissout alors dans la sève de la vigne, entre dans la circulation de ce végétal, le pénètre dans toutes ses parties, et peut ainsi le rendre incapable d'entretenir l'oïdium.

Il est encore probable que le produit qui circule avec la sève est devenu un sulfite ou un sulfate, et que par la fermentation, il subit une réduction qui le transforme en sulfure, et que ce dernier corps est enfin décomposé par l'acide tartrique du vin, qui fait naître de l'hydrogène sulfuré.

M. de La Vergne pense que sous l'influence du soufre, il se forme du sulfate d'amoniaque à la surface des feuilles de la vigne, et que ce produit, qui serait impropre à entretenir la vie de l'oïdium, l'empêcherait de s'y développer.

Mais qu'importe le mode d'action du soufre : l'expérience a démontré son efficacité, et il ne faut pas être plus difficiles que les médecins qui emploient tous les jours l'opium avec succès et qui n'ont pas encore pu résoudre la question posée depuis deux siècles par Molière : Pourquoi l'opium fait-il dormir ?

En traitant des altérations du vin, nous reviendrons sur ce sujet.

On a essayé l'emploi du soufre mêlé avec d'autres substances : des poussières inertes, de la cendre, du plâtre calciné. Ce dernier mélange a été essayé cette année en Provence sur une échelle notable, et l'on dit qu'il a donné d'excellents résultats. Appliqué sur la vigne ou le raisin humide, le plâtre y adhère et fixe le soufre, que le vent ne peut plus enlever.

Le sulfure de calcium a été essayé dans les environs de Bordeaux par M. Bonnet, vice-président de la Société d'Agriculture, à la demande de M. Fournet, et il a parfaitement réussi. Ce produit peut être fabriqué en France et livré à un prix bien inférieur à celui du soufre.

M. Lemotheux, propriétaire à Langoiran, a obtenu des résultats importants par l'emploi de la chaux délitée. Cette chaux, jetée au vent en quantité très-considérable dans une immense pièce de vigne, située dans l'alluvion et sur les bords de la Garonne, l'a non-seulement préservée de l'oïdium, mais le raisin obtenu a été d'une qualité supérieure et beaucoup plus abondant qu'il ne l'était dans les champs voisins.

En résumant les faits précédents, on trouve que l'humidité du sol et de l'atmosphère, la chaleur, les terres riches en produits fertilisants et les engrais azotés, favorisent le développement de l'oïdium.

On remarque encore que les produits volatils, absorbables par la vigne et fournissant un acide propre à saturer l'ammoniaque, soit qu'elle vienne des engrais ou de l'atmosphère, sont ceux qu'il convient d'opposer à ce parasite, et que le soufre et les produits sulfurés sont ceux qui ont réussi de la manière la plus efficace jusqu'à ce jour.

S'il suffisait de modifier la composition des sels ammoniacaux qui peuvent être contenus dans la vigne, il est probable que le sulfate de chaux ou le plâtre, introduit dans le sol, s'y dissoudrait et pourrait pénétrer dans la vigne et y opérer la transformation des sels ammoniacaux en sulfate.

Cette expérience vaudrait la peine d'être tentée, car le plâtre est à très-bas prix, et il n'en faudrait qu'une petite quantité pour obtenir ce résultat.

Quoique plusieurs essais aient donné des résultats satisfaisants, on ne devra les répéter sur une grande échelle qu'après de nouvelles expériences : le soufre étant jusqu'à ce jour le seul produit dont l'efficacité soit confirmée d'une manière indubitable.

LE VIN.

Le vin, comme tout le monde le sait, est le résultat de la fermentation du moût ou du suc de raisin.

La nature et la qualité du vin dépendent de celles du raisin et des procédés de fabrication.

Le raisin variant avec les localités, le sol, le climat, l'exposition, les cépages et les phénomènes météorologiques, il en résulte une multitude presque infinie de vins de diverses qualités.

On pense généralement que le vin est inimitable, et que la science ne pourra jamais en produire. Cela pourrait être une grande erreur. Si l'on sait peu de chose sur le vin, c'est par l'excellente raison que les chimistes s'en sont à peine occupés; mais que l'élan de la science soit tourné vers ce côté seulement pendant quelques années, et l'on sera étonné des résultats qui seront obtenus. En combinant les procédés de l'analyse immédiate avec les données de l'analyse ultime, nul doute que l'on ne parvienne à en connaître la composition d'une manière satisfaisante.

Dans ces recherches, l'analyse doit précéder la synthèse, et il ne faut point confondre les essais grossiers qui ont pu être tentés à diverses époques par des hommes qui ont voulu résoudre le problème avant de posséder les données suffisantes pour y parvenir, avec les résultats que nous donnerait la science moderne.

Il ne faut pas espérer non plus qu'il pourrait y avoir toujours un bénéfice à faire du vin artificiel : les frais de production des éléments propres à faire du vin, et notamment du sucre, peuvent être moindres en les tirant de la vigne que de toute autre plante.

On arrivera sans nul doute à faire des vins artificiels très-potables ; mais ce qui importe le plus, c'est de régulariser la fabrication du vin et d'améliorer ceux d'une qualité inférieure : c'est là tout ce que l'on peut raisonnablement désirer.

Il y a quelques années que j'annonçai dans cette chaire que l'on trouverait dans la houille les produits nécessaires pour fabriquer l'indigo et la quinine : ce résultat est déjà en partie obtenu. Toutes ces belles couleurs pourpres et violettes qui teignent la soie ont l'origine que j'avais in—diquée.

Dans un petit nombre d'années, on arrivera, je le répète, à faire du vin artificiel. Le sucre ne manque pas. Déjà M. Liebig est parvenu à faire de l'acide tartrique avec la gomme du Sénégal, et quand la matière colorante du vin sera suffisamment étudiée, qui oserait dire que l'on ne pourra la fabriquer avec les produits de la distillation de la houille ?

J'ai cru devoir entrer dans ces détails pour limiter le sujet qui doit nous occuper, et pour que l'on ne demande point à la chimie de livrer des secrets dont elle n'a pas eu à s'occuper.

Quoique l'œnologie soit encore imparfaite, la science ne lui fournit pas moins dès à présent une foule de renseignements de la plus haute utilité.

Le raisin mûrit fort tard dans nos climats, et il en résulte qu'il n'arrive pas tous les ans au maximum de son développement; cependant, lorsque l'époque de la vendange est arrivée, il doit être cueilli. Il importe de le faire avec des ciseaux, pour éviter les secousses, qui pourraient détacher les grains mûrs de la grappe. Il doit ensuite être transporté dans des vases imperméables aux liquides, afin de ne point perdre le suc du raisin qui pourrait s'écraser en route. Le raisin peut être simplement foulé et abandonné à la fermentation. Ce procédé est généralement suivi dans les contrées où l'on n'obtient que des vins ordinaires ou inférieurs.

Le suc qui s'écoule immédiatement du raisin sans être foulé, donne un vin plus fin et plus généreux que celui que l'on obtient par le foulage. Cela se conçoit, parce que les grains qui laissent immédiatement écouler leur suc sont les plus mûrs, et par conséquent ceux dont les produits sont arrivés au plus haut degré de la perfection.

Pour faire les vins blancs, les plus fins de ces contrées, tels que ceux d'Eyquem et de Lur-Saluces, le raisin reste longtemps sur pied, et l'on recueille avec un soin extrême les grains qui se détachent spontanément.

Dans le Médoc et dans d'autres contrées du Bordelais, on soumet le raisin à l'*érappage*. Ce mot est produit par une altération de l'*égrappage*.

Ainsi que cela a été dit précédemment, le pédoncule du raisin, la *rafle*, ou la partie de la grappe qui porte le fruit, contient un acide et du tannin qui lui communiquent une saveur acerbe. C'est pour éviter la trop grande abondance de ces produits que l'on érappe la totalité ou une partie seulement du raisin.

Pour cette opération, les viticulteurs suivent des usages

particuliers, mais en général on doit diminuer les rafles lorsque le raisin n'est pas très-mûr ou qu'il présente une saveur acerbe. On doit, au contraire, en laisser davantage lorsque le raisin est très-mûr et très-sucré.

Le suc du raisin est extrait par des procédés variables : on a le suc qui s'écoule spontanément du raisin, celui que l'on obtient par le foulage ou tout autre moyen propre à le remplacer, et celui que l'on extrait enfin, soit par l'action d'une forte presse, soit par celle de la chaleur.

Dans la plupart des localités, le raisin est foulé directement dans la cuve en l'écrasant avec les pieds. Par ce procédé, la rafle demeure intacte et ne peut communiquer au vin qu'une faible partie des principes qu'elle renferme. Mais ce procédé a de graves inconvénients : la fermentation commence aussitôt que le raisin est écrasé, et ceux qui foulent le raisin sont exposés à être asphyxiés. Ce procédé de foulage doit être pratiqué rapidement, pour éviter les dangers qui résultent de l'action délétère de l'acide carbonique. Il faut éviter surtout d'abandonner une cuve pendant un repas et d'y descendre ensuite. En général, on ne doit pénétrer dans une cuve où s'opère une fermentation que lorsqu'une bougie allumée continue à y brûler comme dans l'air.

Dans le Médoc, le raisin est foulé sur un plan incliné. Le suc s'écoule à mesure qu'il est produit; il reçoit le contact de l'air, qui est indispensable pour que la fermentation commence, et l'acide carbonique peut se dégager sans qu'il en résulte aucun inconvénient pour les ouvriers.

Dans divers endroits, et notamment dans les environs de Cahors, le suc du raisin est extrait à l'aide d'une presse ressemblant à un laminoir dont les cylindres sont en bois.

Cette presse devrait être adoptée partout, parce qu'elle ferait disparaître l'usage fort sale de fouler le raisin avec les pieds. Cependant, quand il s'agit de vins fins, on ne saurait apporter le moindre changement dans une fabrication établie depuis de longues années, et qui a concouru à faire leur réputation sans y porter la plus grande attention : par exemple, si les cylindres étaient trop rapprochés l'un de l'autre, ils pourraient écraser les rafles et les pépins, et modifier la qualité du vin par l'introduction des produits qu'ils renferment.

Dans la même contrée où l'on emploie la presse à cylindres, on chauffe le marc de raisin dans des chaudières pour en extraire le moût. Sous l'influence de la chaleur, le suc se dilate, les cellules crèvent, et il s'écoule avec une grande facilité. Cette opération donne rapidement un suc limpide et abondant; mais elle rend le ferment impropre à développer la fermentation alcoolique, et elle ne pourrait être pratiquée sur la totalité du raisin sans rendre la production du vin impossible. Nous reviendrons sur ce procédé.

L'analyse chimique du moût du raisin serait d'une grande utilité : ce serait un point de départ pour apprécier tous les effets de la fermentation, et trouver l'origine des produits contenus dans le vin. On possède une analyse du *verjus* et une du moût de raisin mûr, dues à Proust; mais elles sont trop incomplètes pour être d'un grand secours.

Le verjus a donné les résultats suivants :

Matière extractive.
Acide malique *(peu)*.
Acide citrique *(beaucoup)*.
Tartre (tartrate hydro-potassique).
Sulfate de potasse et sulfate de chaux.

La présence de l'acide citrique en quantité notable dans le verjus semblerait indiquer qu'il précède la production de l'acide tartrique, et même que ce dernier acide n'en est qu'une transformation.

Le moût de raisin mûr a donné à l'analyse :

> Matière extractive.
> Sucre.
> Gomme.
> Matière glutineuse.
> Acide malique *(peu)*.
> — tartrique.
> Tartre (tartrate hydro-potassique).

Cette analyse est incomplète ; car le moût, quel que soit le raisin dont il provienne, contient une quantité très-notable de matière albuminoïde, qui, sous l'influence de l'air, donne naissance au ferment par lequel le sucre est transformé en alcool et en acide carbonique.

M. Couerbe et moi avons fait une analyse quantitative du moût du cabernet sauvignon de sa propriété de La Gravière (Médoc).

Son poids spécifique était 1,0772.

Sa composition était représentée par

Eau	0,8025			0,8025
Résidu de l'évaporation.	0,1975	sucre et matières organiques.		0,1849
		tartrate hydro-potassique....		0,0108
		— calcique..........		0,0018
	1,0000			**1,0000**

Le résidu de la combustion du produit de l'évaporation était représenté par 0,0028 ; formés de carbonate potassique, 0,0022 ; et de chaux-vive, 0,0006.

Une analyse plus complète des cendres d'un moût de

vin faite par **M.** Crasso a donné les résultats suivants :

Potasse	0,58641
Chaux	0,06731
Magnésie..........................	0,07041
Oxyde ferrique....................	0,00494
— manganeux	0,02458
Acide sulfurique..................	0,13582
Chlore............................	0,01142
Silice	0,00137
Acide phosphorique (dosé par perte).	0,09774

Le sucre contenu dans le raisin, comme le sucre de tous les fruits acides, est *lévogyre*, c'est-à-dire qu'il agit sur la lumière polarisée, qu'il la décompose en faisceaux colorés comme le spectre solaire, et disposés du rouge au violet en tournant l'analyseur vers la gauche.

Ce sucre a pour formule représentative de sa composition : $C_{24} H_{24} O_{24}$, ou plus simplement 24 $(C\,H\,O)$.

Exprimée en fractions décimales de l'unité, cette composition est représentée par :

Carbone..........................	0,400
Hydrogène........................	0,067
Oxygène	0,533
	1,000

La composition du sucre cristallisé de la canne ou de la betterave peut être représentée par $C_{24} H_{22} O_{22}$, d'où il résulte que ce dernier sucre, au point de vue de sa composition, ne diffère du précédent que par 2 HO ou deux équivalents d'eau.

Une dissolution de sucre cristallisable est *dextrogyre*, c'est-à-dire qu'elle exerce sur la lumière polarisée un pouvoir rotatoire vers la droite. Lorsqu'elle est mise en contact avec de la levure de bière, à une température de 15 à 25 degrés, en très-peu de temps le sucre qu'elle renferme perd la propriété de cristalliser, devient lévogyre, prend deux équivalents d'eau, et se trouve transformé en sucre semblable à celui qui est contenu dans le raisin.

On peut juger par les faits qui viennent d'être indiqués que l'on peut remplacer le sucre du raisin par du sucre cristallisé, puisque après avoir subi l'action de la substance qui détermine la fermentation alcoolique, ces deux produits deviennent identiques.

Les acides dilués produisent le même effet que la levure de bière. C'est cette propriété qui fait sans doute que les fruits acides ne contiennent pas de sucre analogue à celui de la canne ou de la betterave, ou au moins qu'ils n'en donnent pas à l'analyse; car, quand même le sucre et l'acide existeraient dans des cellules séparées, ils réagiraient l'un sur l'autre aussitôt que les cellules seraient détruites pour en extraire le suc.

Le *sucre des fruits* porte encore les noms de *sucre hydruré*, de *sucre interverti* (nom faisant allusion au changement de pouvoir rotatoire du sucre cristallisé, qui est transformable en sucre de fruit par l'action du ferment ou des acides), et de *carpomel*. Ce dernier mot est formé par des racines grecques équivalant à *sucre des fruits*. C'est celui que nous adopterons.

Le carpomel n'est point immédiatement cristallisable; sa dissolution peut être fortement concentrée sans qu'elle donne des cristaux. Cependant, si on la conserve pendant un temps assez considérable, elle donne naissance à des globules formés de petits cristaux radiés. Une fois que ces cristaux sont formés, ils ne retournent plus à l'état de carpomel. On peut les redissoudre dans l'eau. Si la dissolution

est suffisamment concentrée, ils se reforment immédiatement. Le nouveau produit est identique avec les petits
cristaux que l'on trouve dans le raisin sec, un peu ancien,
ou avec le *glycose* ou sucre de fécule. Il a pour composition
$C_{24} H_{28} O_{28}$ et ne diffère du carpomel que par 4 HO ou
quatre équivalents d'eau en plus, et du sucre cristallisé par
six équivalents d'eau.

Le glycose est fermentescible, et s'il possédait le degré de
pureté du sucre ordinaire, il pourrait aussi tenir lieu du
carpomel dans le moût qui ne contiendrait point une assez
forte quantite de ce produit; mais il a toujours une saveur
qui le rend reconnaissable. Il est généralement amer, et doit
peut-être cette propriété à la présence du sulfate de magné-
sie. La base de ce sel proviendrait de la craie employée
pour saturer l'acide sulfurique qui sert pour convertir la
fécule en glycose.

M. Dubrunfaut a reconnu que le pouvoir rotatoire du
carpomel ne changeait pas pendant la fermentation alcoolique jusqu'à ce qu'il y en ait trois cinquièmes de détruits.
Si on laisse marcher l'opération jusqu'à ce qu'il n'en reste
plus qu'un cinquième, on voit que le pouvoir rotatoire a
augmenté et qu'il reste un sucre particulier dont le pouvoir rotatoire, pour des quantités égales, est trois fois plus
grand que celui du carpomel employé. Il a encore reconnu
que si une dissolution de carpomel marquant $24°$ à gauche est soumise à une fermentation spéciale qui a reçu le
nom de *lactique*, parce que l'acide lactique en est le prin-
cipal produit, le pouvoir rotatoire va en augmentant jusqu'à $56°$ et que la destruction s'arrête à ce point. Cet
illustre industriel a conclu de ces faits, que le carpomel est formé de deux espèces de sucres pouvant pro-

duire des quantités égales d'alcool, dont l'une serait identique avec le glycose ou sucre de fécule, et l'autre serait un nouveau sucre jouissant de la propriété de dévier la lumière polarisée vers la gauche plus qu'aucun autre sucre connu, et qui peut par cela même porter le nom de *lévogyre*, c'est-à-dire tournant à gauche. Ce sucre serait identique avec celui donné par l'action réciproque de l'inuline et de l'acide sulfurique. Il forme d'ailleurs avec la chaux une combinaison peu soluble. M. Dubrunfaut a pu profiter de cette propriété pour le séparer du glycose qui l'accompagne dans le carpomel.

Il y a déjà bien longtemps que j'ai interverti par la levure un poids donné de sucre, et que l'ayant évaporé dans le vide, j'ai trouvé que pour passer à l'état solide il retenait un peu plus que le neuvième de son poids d'eau, sans cristalliser en aucune manière. Cette réaction correspond à $C_{24} H_{22} O_{22} + 2\,HO = C_{24} H_{24} O_{24}$, relation qui a été vérifiée ultérieurement par M. Mitscherlich, en faisant directement l'analyse du carpomel [1].

Si le carpomel était formé d'équivalents égaux de glycose et de sucre lévogyre, on pourrait déduire de ces faits, que le glycose ayant pour formule $C_{24} H_{28} O_{28}$ à l'état solide, le sucre lévogyre devrait être représenté par $C_{24} H_{20} O_{20}$, pour que le carpomel le fût par $C_{24} H_{24} O_{24}$; car on aurait :
$$C_{24} H_{20} O_{20} + C_{24} H_{28} O_{28} = 2\,(C_{24} H_{24} O_{24}).$$

A moins que l'on n'admette que le glycose, qui peut perdre 4 équivalents d'eau par la chaleur, sans être détruit, ne les contienne pas dans la combinaison qu'il forme avec le sucre lévogyre.

[1] Voir ma Thèse sur les progrès de la chimie organique. Paris, 1838, p. 30.

Il faut encore remarquer, qu'ayant observé qu'un sirop de carpomel très-concentré s'est transformé entièrement en glycose, et que la même chose paraissant avoir lieu dans le raisin sec, on doit en conclure que le sucre lévogyre se transforme aussi en glycose. Il est évident d'ailleurs que cette transformation ne peut avoir lieu que par le concours d'une certaine quantité d'eau.

Enfin, du sucre liquide extrait du miel au moyen de l'alcool, préparé par **M.** Micé et conservé dans la collection de la Faculté des Sciences, a fini par donner de très-beaux cristaux; mais une partie de ce sucre est demeurée à l'état liquide.

Le *ferment* qui existe dans le moût est une matière albuminoïde azotée, qui paraît soluble dans l'eau et qui traverse les filtres de papier ordinaire; dans cet état, il ne peut déterminer la fermentation. Lorsqu'il a reçu l'action de l'oxygène, il apparaît sous forme de globules opaques, qui ne peuvent plus traverser les filtres de papier et qui sont aptés à déterminer la fermentation. On peut l'extraire sous ces deux états : sous le premier, en le séparant du moût filtré par de l'alcool, et pour plus de sûreté en recevant le produit de la filtration du moût de raisin dans l'alcool; sous le second, en l'abandonnant à la fermentation du moût filtré. Cette fermentation se fait lentement; mais elle a lieu cependant, et le ferment se dépose dans le liquide. Toutefois, le ferment ainsi obtenu peut être arrivé à la dernière période de son existence. Il peut n'être plus azoté et être impropre à déterminer la fermentation.

Le ferment est une matière particulaire, formée de granules et de vésicules qui le rapprochent de la constitution des tissus des êtres organisés et vivants; mais il s'en distingue par un mode d'existence spécial.

Les chimistes reconnaissent un grand nombre de fermentations différentes qui sont toutes dues à des ferments particuliers, agissant sur des produits spéciaux ou donnant naissance à des produits spéciaux.

Le sucre peut subir des fermentations fort distinctes, selon la nature des ferments : il peut donner de l'alcool, de l'acide acétique qui est le principe actif du vinaigre, de l'acide lactique ou de l'acide butyrique, si toutefois ce dernier acide n'est pas produit directement aux dépens du ferment spécial qui lui donne naissance. Ce ferment est le fromage putréfié.

Le sucre renfermé dans les grains de raisin n'entre pas en fermentation, parce qu'il faudrait que le ferment fût mis en contact avec l'air pour que cette opération pût commencer.

Cette observation a été démontrée par Gay-Lussac : si l'on introduit des grains de raisin dans une éprouvette pleine de mercure et si on les écrase à l'aide d'une baguette de verre, la fermentation n'a pas lieu ; mais si l'on y introduit seulement une bulle d'air, à l'instant même elle commence.

Il est possible que le sucre et la matière albuminoïde soient contenus dans des cellules séparées, ainsi que cela a lieu dans la betterave, et qu'il faille les rompre pour en opérer le mélange. Toutefois, ce mélange ne suffirait pas : il faut aussi le contact de l'air. Les partisans de la préexistence des germes admettront sans doute que, dans cette petite bulle d'air, il y a des ovules toujours prêts, qui n'attendent que l'occasion pour se développer et donner naissance à du ferment.

Le moût ne contient pas de matière colorante ; celle-ci appartient à la pellicule du raisin et elle ne se dissout qu'à mesure que l'alcool se produit par la fermentation. Après que le vin est soutiré, le marc contient encore une quantité considérable de matière colorante, que l'on peut utiliser par des fermentations successives, en ajoutant au marc du moût artificiel fait en dissolvant du sucre dans l'eau, ainsi que nous le verrons bientôt.

Après la fermentation, le ferment, devenu insoluble dans la plupart des cas, reste avec le marc, et celui-ci en retient toujours assez pour permettre de nouvelles fermentations.

Il résulte de ce qui vient d'être dit, que le moût de raisin rouge peut donner du vin blanc si on ne le fait pas fermenter en présence des pellicules, et que le vin rouge sera d'autant plus coloré qu'il aura été plus longtemps en contact avec elles. Cependant, l'action dissolvante que le vin exerce sur la matière colorante a une limite qui ne peut être dépassée pour du raisin d'une nature donnée.

La *fermentation* est une réaction des plus remarquables, par laquelle les éléments du sucre sont principalement transformés en alcool et en acide carbonique.

La composition du sucre étant représentée par 24 (CHO), celle de l'alcool l'étant par $C_4 H_6 O_2$, celle de l'acide carbonique par $C O_2$ ainsi que vous le savez, cette réaction peut être démontrée d'une manière fort simple. On a :

$$\underset{\text{Carpomel.}}{24\,(C\,H\,O)} = \underset{\text{Alcool.}}{4\,C_4\,H_6\,O_2} + \underset{\substack{\text{Acide}\\\text{carbonique.}}}{8\,C\,O_2}$$

On peut facilement transformer cette équation en poids. Pour cela il faut se rappeler que $H = 1$, $C = 6$, et $O = 8$. Si l'on multiplie chacun des équivalents par son facteur propre, et si l'on fait les sommes des produits correspondants à chaque composé, on a :

$$\underset{\text{Sucre.}}{360} = \underset{\text{Alcool.}}{184} + \underset{\substack{\text{Acide} \\ \text{carbonique.}}}{176}$$

Les trois termes de cette équation étant divisibles par 8, on peut la réduire à :

$$45 = 23 + 22$$

d'où l'on déduit, par une simple comparaison, que le carpomel devrait donner un peu plus que la moitié de son poids d'alcool.

Le sucre cristallisable prenant un dix-neuvième de son poids d'eau pour se transformer en carpomel et donner finalement les mêmes résultats que ce dernier sucre, il n'en faudrait que 42 parties 75 pour en produire 25 d'alcool, soit en fraction décimale 0,558.

Un litre d'alcool pesant 794 grammes à 15 degrés de température, il est facile de trouver qu'il pourrait être produit par 1,476 de sucre cristallisé.

Ces données de la théorie ne se sont pas complétement réalisées ; M. Dubrunfaut a trouvé qu'il fallait 1,700 grammes de sucre pour produire un litre d'alcool. Or, 1 700 grammes de sucre pouvant donner 1 789 grammes de carpomel en s'unissant au 19ᵉ de son poids d'eau, on pourrait en conclure que ce sucre, au lieu de donner un peu plus que la moitié de son poids d'alcool, n'en donne réellement que 0,467. Mais quoique le sucre se transforme en carpomel dans la première période de la fermentation alcoolique, on ne peut admettre qu'il en soit ainsi pour le vin ; car il y aurait 1/14ᵉ ou 0,07 du sucre qui ne se transforme-raient point en alcool et dont les produits ne se trouvent point dans le vin. Cependant, il pourrait y en avoir une forte partie dans la lie, et une analyse de ce produit faite à ce point de vue lèverait les doutes que l'on peut avoir à cet égard.

Dans la fermentation du glycose, il se produit toujours de l'alcool amylique.

M. Dubrunfaut pense expliquer par sa production au moins une partie de la différence qui existe entre le rende-ment de l'expérience et celui de la théorie. C'est au moins ce qui a lieu dans la fermentation du glycose ; mais cet al-cool communiquant une saveur toute spéciale aux produits qui en contiennent, il est douteux qu'il y en ait dans la plupart des vins ; car on s'en apercevrait rien qu'en le dégustant. Cependant, quelques vins blancs qui exercent une action très-énergique sur le système nerveux pour-raient en contenir.

Il y a peu de temps que **M.** Pasteur a trouvé de la gly-cérine et de l'acide succinique dans les produits de la fer-mentation, et il est possible que tous les vins contien-nent une certaine quantité de ces produits.

Selon ce savant expérimentateur, il y aurait seulement 0,044 de sucre qui échapperait à la fermentation.

Dans la réaction, étudiée par **M.** Pasteur, l'eau inter-vient, et il se produit de l'acide carbonique ; d'où les 0,044 du sucre qui subissent cette fermentation spéciale, donne-raient 0,055 de glycérine et 0,007 d'acide succinique, en-semble, 0,042 ; quantité inférieure à celle du sucre employé, parce que le poids de l'acide carbonique qui se dégage est plus grand que celui de l'eau dont les éléments se fixent dans la réaction.

Si la fermentation vineuse s'accomplissait comme celle du sucre mis en présence de la levure, on pourrait déduire des résultats précédents, que par chaque litre d'alcool il y aurait dans le vin environ $55^{gr}5$ de glycérine et $10^{gr}27$ d'acide succinique. Par exemple, dans un hectolitre de vin contenant 10 0/0 d'alcool, il y aurait 555 grammes de glycérine et 107 grammes d'acide succinique; quantités qui ne sont point négligeables et qui peuvent exercer une influence sensible sur la qualité du vin.

Les résultats obtenus par M. Pasteur s'éloignent beaucoup de ceux indiqués par M. Dubrunfaut. Selon le premier de ces expérimentateurs, il n'y aurait que 0,044 de sucre qui échapperaient à la production de l'alcool; selon le second, il y en aurait 0,152. M. Pasteur a principalement déduit le nombre qu'il a obtenu de la quantité d'acide carbonique produit dans la fermentation, et M. Dubrunfaut de celle de l'alcool. Le nombre indiqué par cet illustre industriel ne peut cependant laisser aucun doute sur sa réalité; non-seulement il est le résultat d'une grande quantité d'expériences de laboratoire, mais il a été vérifié sur une échelle immense, dans la fabrication de l'alcool de betterave. Ne pouvant pas douter davantage du résultat expérimental de M. Pasteur, on pourrait conclure de ces faits, qui paraissent contraires l'un à l'autre, qu'il y a environ 0,088 de sucre qui ne donnent ni alcool, ni glycérine, ni acide succinique, et qui, dans les fermentations industrielles peuvent donner de l'amylos, de l'aldéhyde et d'autres produits sans doute qui ne se rencontrent pas ordinairement dans le vin.

J'ai cru devoir entrer dans ces détails pour vous prémunir contre les doutes qui auraient pu naître dans votre esprit par la comparaison de résultats aussi opposés en apparence.

Excepté les quelques notions exposées précédemment, on ne sait rien de bien positif sur le ferment du vin ; mais par analogie, on sait que c'est un produit azoté, albuminoïde, formé de particules très-ténues, devant avoir environ un deux-centième de millimètre de diamètre ; qu'il ne devient apte à déterminer la fermentation qu'après avoir eu le contact vivifiant de l'oxygène. Alors il absorbe le sucre dans l'intérieur de chaque particule, et celui-ci s'y décompose, ainsi que je l'ai exposé depuis longtemps dans mon Traité de Chimie. L'acide carbonique se développe peu à peu, sort de la particule et lui forme une enveloppe sphéroïdale. Ils produisent ainsi un système dont la densité moyenne est plus faible que celle du liquide ; il en résulte qu'il s'y élève comme un aérostat. Enfin, la bulle d'acide se détache, et le globule, redevenu plus dense que le liquide, descend, en absorbe de nouveau, s'élève et redescend encore, jusqu'à ce qu'il ait accompli toutes les phases de son existence. Alors il est transformé : de limpide il est devenu opaque, et il a perdu une forte partie, sinon la totalité de l'azote qu'il renfermait. Il résulte de ce fait remarquable, que le vin doit retenir quelque produit azoté venant de son ferment.

Plusieurs naturalistes, parmi lesquels il faut citer Turpin, ont vu dans le ferment un être organique, et son action, toute spéciale qu'elle est, n'en serait pas moins comparable aux phénomènes de la vie.

M. Dubrunfaut voit dans le ferment alcoolique et dans le ferment lactique deux êtres distincts qui absorbent et digèrent les sucres chacun à sa manière. Le ferment alcoolique aimerait tous les sucres proprement dits, tandis que le ferment lactique repousserait le sucre lévogyre.

Il est évident, Messieurs, que les ferments, par leur structure particulaire, se rapprochent sinon des êtres organisés, au moins de leurs éléments, et que leur période d'activité aurait plus d'un rapport avec la vie. Peut-être même y trouverons-nous un enseignement; car il est possible que toutes nos transformations organiques, jusqu'à celle qui précède la mort sénile, soient, comme les différentes phases de l'existence du ferment, accompagnées de modifications dans la composition chimique des organes.

Voilà, Messieurs, les renseignements qu'il m'est possible de vous donner sur les deux agents principaux de la transformation du moût en vin.

L'acide carbonique qui se produit dans la fermentation alcoolique est, ainsi que vous le savez, un gaz incolore, inodore, ayant un poids spécifique de 1,529. Un litre d'air à 0° et 76 centimètres de pression barométrique ne pèse que 1ᵍʳ295; un litre d'acide carbonique pèse 1 gr. 977. Il est par conséquent plus dense que l'air; aussi peut-il être transvasé dans l'air comme un liquide et réside-t-il dans le fond des vases, où il est en présence de ce fluide. Vous en voyez la preuve par ces bulles de savon qui tombent dans l'air et viennent se réfléchir à la surface d'une couche d'acide carbonique, comme une bille d'ivoire le ferait sur un plan de marbre.

Il éteint immédiatement les corps en combustion et ne peut par cela même entretenir la vie.

L'acide carbonique qui se dégage pendant la fermentation alcoolique est très-abondant. Pour chaque litre d'alcool, il y en a au moins 400 litres, mesurés à 15 degrés de température.

A mesure que l'acide carbonique se dégage, il se loge dans les pellicules du raisin et finit par les soulever et leur fait former le *chapeau*, ou bien il parvient dans l'espace libre de la cuve, déplace l'air, la remplit bientôt et se déverse par-dessus ses bords.

Dans une foule de localités on a la mauvaise habitude de fouler le raisin dans la cuve, et il n'est pas rare de voir ceux qui font cette opération tomber asphyxiés et sans vie.

Quand la température est convenable, la fermentation commence aussitôt qu'une partie du raisin est écrasée, et le danger apparaît en même temps.

La durée de la fermentation varie selon le degré de maturité du raisin et selon la température : plus le raisin est mûr et la température élevée, plus la fermentation est rapide. Quelquefois elle exige moins d'un jour, d'autres fois il faut un temps considérable, comme à la fin de l'année dernière.

On s'aperçoit que la fermentation est terminée lorsque l'on n'entend plus le bruit que font en crevant les bulles d'acide carbonique. A cette époque, le liquide s'éclaircit, parce qu'il n'est plus traversé par le ferment.

Plusieurs propriétaires soutirent leurs vins avant que la fermentation soit terminée. En opérant ainsi, ce liquide est moins coloré, et il participe moins des propriétés dues à la pellicule et à la rafle. En général, les vins soutirés trop tôt se conservent moins bien que les autres.

Lorsque la fermentation est lente et que le chapeau a le contact de l'air, de l'oxygène est absorbé et il se forme de l'acide acétique.

Cet acide, comme vous le savez, est le principe du vinaigre. Il est produit par une transformation de l'alcool.

Cette transformation est représentée par l'équation suivante :

$$\overset{\text{Alcool.}}{C_4 H_6 O_2} + \overset{\text{Oxygène.}}{4\,O} = \overset{\text{Acide acétique.}}{C_4 H_4 O_4} + \overset{\text{Eau.}}{2\,H\,O}$$

dans laquelle on voit quatre équivalents d'oxygène remplacer deux équivalents d'hydrogène, et donner naissance à deux équivalents d'eau.

En écrivant l'acide acétique ainsi : $C_4 \overline{H_4 O_2}\, O_2$, on verra que ce n'est que de l'alcool dans lequel une partie de l'hydrogène est remplacée par de l'oxygène.

Lorsque l'acétification est lente, elle peut donner naissance à de l'éther acétique.

Cet éther peut être considéré comme de l'alcool et de l'acide acétique qui ont perdu chacun un équivalent d'eau pour s'unir ensemble :

$$\overset{\text{Alcool.}}{C_4 H_6 O_2} + \overset{\text{Acide acétique.}}{C_4 H_4 O_4} - \overset{\text{Eau.}}{2\,H\,O} = \overset{\text{Éther acétique.}}{C_4 H_5 O, C_4 H_3 O_3}$$

L'éther acétique a une odeur particulière qui ne nuit pas au parfum de certains vins.

Les vins de Cahors en renferment quelquefois : cela est dû au procédé que l'on suit pour le fabriquer. Nous avons déjà vu qu'une partie du moût qui sert à faire ce vin a été chauffée et que son ferment a été détruit ou transformé par l'action de la chaleur. La fermentation s'en trouve considérablement ralentie, et pour la raviver on refoule à plusieurs reprises le chapeau dans la cuve. Cette opération donne accès à l'air qui fait naître l'acidification.

Depuis longtemps déjà une demoiselle Gervais [1] avait proposé de recouvrir les cuves à fermentation, et d'ajouter à leur couvercle une espèce de chapiteau d'alambic pour recueillir les produits volatils qui s'échappent pendant cette opération. On a pu, à l'aide de cet appareil, obtenir une certaine quantité d'alcool; mais on n'a pas vu dans le procédé de Mlle Gervais le moyen de faire de grands bénéfices, et il a été abandonné. Il méritait cependant, et à plus d'un titre, d'être suivi par tous les viticulteurs; non-seulement il peut donner quelque peu d'alcool, mais il permet aussi de retenir les produits aromatiques les plus volatils et les plus fugaces qui forment le bouquet du vin; et de plus, en retenant l'acide carbonique à la surface du moût et en empêchant l'accès de l'air, il s'oppose complétement à l'acescence du vin, quelque longue que puisse être la fermentation.

Un couvercle de bois, surmonté d'un tube incliné vers la cuve, y rapporterait sans cesse l'alcool et les produits condensables. Quant à l'acide carbonique, il serait conduit au dehors; et pour éviter tout contact avec l'air, l'extrémité du tube, recourbée de haut en bas, plongerait de quelques centimètres dans un vase contenant de l'eau.

Lorsqu'il y aurait plusieurs cuves dans un cellier, les tubes de chacune d'elles aboutiraient dans un tube commun qui régnerait dans toute l'étendue du bâtiment et porterait le gaz au dehors.

Lorsque la fermentation marche lentement parce que la température est trop basse, on peut l'activer en chauffant le liquide. Dans ce cas, il convient d'établir un ou plusieurs

[1] V. *Opuscule sur la vinification,* par Jean-Antoine Gervais; in-8° de 190 pages. Toulouse, 1821.

poêles dans le cellier. Mais ce moyen serait insuffisant à lui seul, parce que le bois des cuves est un très-mauvais conducteur de la chaleur, et que souvent la masse du liquide est tellement grande, qu'il faudrait un temps considérable pour en élever la température de quelques degrés. Afin d'obtenir ce résultat, on est dans l'habitude de chauffer une partie du moût et de l'introduire ensuite dans la cuve. Pour faire cette opération, on pourra partir de cette observation : pour porter 1,000 litres de moût de 14 à 20 degrés, il faut y ajouter environ 75 litres de moût bouillant.

Il ne faut pas oublier que, par l'ébullition, le ferment perd la propriété de produire de l'alcool. D'un autre côté, en chauffant le liquide, on s'expose à lui faire contracter une odeur et une saveur de raisiné. Pour éviter autant que possible ce dernier inconvénient, il faudrait chauffer le moût dans des chaudières à vapeur ou au moins dans des chaudières maintenues dans des maçonneries disposées de telle manière que la flamme ne pût pas dépasser le niveau du liquide. Sans cette précaution, la chaudière s'échauffe fortement et le caramélise.

Le plus convenable serait de plonger un serpentin dans la cuve et d'y faire pénétrer un courant de vapeur d'eau.

L'extrémité inférieure du serpentin devrait se relever pour donner une issue à la partie de la vapeur qui ne se condenserait pas, pour qu'elle ne se mêlât point au vin, et éviter un accroissement de pression ; un simple tube en U pourrait remplir le même office.

Il faudrait bien se garder de faire construire ce tube avec du zinc, car ce métal serait attaqué et le vin deviendrait vénéneux.

Un tube en plomb étamé serait probablement le seul qui pourrait être employé sans inconvénient, et il serait convenable d'en faire sortir une extrémité par la partie inférieure de la cuve, ou de le diviser en deux parties et de le réunir à une boîte qui recevrait la vapeur condensée.

La fermentation n'est pas seulement limitée à la quantité de sucre qui se trouve dans le moût; l'alcool qui se développe peut l'arrêter lorsqu'il atteint 0,13 à 0,14. Il pénètre dans les particules de ferment et s'oppose à ce qu'elles décomposent le sucre.

Les vins très-riches en alcool, comme la plupart des vins des contrées méridionales, sont généralement faits avec des moûts cuits auxquels on ajoute de l'eau-de-vie ou de l'alcool.

Lorsque la fermentation est terminée, le vin est soutiré et introduit dans des tonneaux. Pour les vins fins, cette opération doit être faite avec des syphons, afin qu'ils ne perdent pas les produits les plus volatils qu'ils contiennent.

Le marc ou le résidu est soumis à la presse.

On obtient ainsi un vin trouble, acerbe, qui s'éclaircit cependant, et qui porte le nom de *vin de presse* dans ce pays.

Ce vin est généralement consommé sur son lieu de production, et n'est point livré au commerce.

Après cette opération, on remet généralement le marc dans une cuve avec de l'eau, pour préparer une piquette. Les dernières parcelles de sucre, mises à nu par l'action du pressoir, donnent encore quelque peu d'alcool. On obtient ainsi une liqueur rosée, acide, acerbe, d'une saveur horrible, que les paysans s'habituent cependant à boire. Mais au lieu de les réconforter, elle est débilitante et ne peut que détériorer leur estomac et nuire beaucoup aux fonctions digestives.

Il y a déjà bien des années que, dans cette même chaire, j'ai dit que si au lieu d'eau on employait une dissolution de sucre, on obtiendrait un produit qui se rapprocherait beaucoup du vin par ses qualités, car le ferment et la matière colorante étaient loin d'être épuisés par la première fermentation. J'ai en même temps signalé l'emploi du sucre blanc pour opérer le sucrage des vins, en disant qu'il fallait se garder de l'opérer par du glycose, qui leur communique toujours une saveur spéciale, désagréable, reconnaissable, et qu'il ne pouvait que nuire à la qualité des vins frais. Les nombreuses expériences que j'avais faites sur la fermentation de diverses espèces de sucre ne me permettaient pas de douter de ce fait.

Depuis cette époque, M. Dubrunfaut a publié son remarquable travail sur le *Sucrage des Vendanges,* et M. Pétiot de Chamirey a publié une Notice fort intéressante, ayant pour titre : *Nouveau procédé de Vinification.*

M. Pétiot a fait fermenter, à plusieurs reprises, du moût artificiel sur le même marc, et il a toujours obtenu des liqueurs colorées.

Ces expériences ont été répétées par un grand nombre de personnes des environs de Bordeaux, notamment par M. Laliman et par M. d'Israël, qui a fait cette opération jusqu'à cinq fois. Moi-même je l'ai répétée l'an dernier et n'ai été arrêté que par l'abaissement de la température, qui ne m'a pas permis de la pousser aussi loin que je l'aurais voulu.

Lorsque les produits obtenus comme il vient d'être dit sont récents et qu'ils contiennent encore de l'acide carbonique qui en rehausse la saveur, ils sont agréables à boire et en général ressemblent à des vins vieux ; ce qui est dû au défaut d'acide et de tannin. On le comprend facilement.: les produits très-solubles sont enlevés les premiers, et tel est le cas de ceux qui viennent d'être indiqués ; tandis que le ferment, devenu insoluble ainsi que cela a été dit, et la matière colorante, qui ne se dissout que dans l'eau alcoolisée demeurent les derniers.

En très-peu de temps, les vins préparés comme il vient d'être dit deviennent plats, et ils sont très-faciles à reconnaître par celui qui les a dégustés une seule fois.

Pourtant il ne faudrait point croire qu'il n'y a rien à tirer de ce procédé. Lorsque le raisin n'a pu mûrir complétement, ainsi que cela est arrivé presque généralement l'an dernier, le premier vin étant acerbe, si on le mêle avec le second il se trouve considérablement amélioré.

Mais ce procédé ne peut tenir lieu d'une bonne année; car dans le raisin tout mûrit à la fois, la matière colorante comme le principe saccharifiable; et le sucre raffiné, qui a subi de nombreuses manipulations, coûtera toujours plus cher que celui qui vient naturellement dans le raisin.

En général, cependant, le sucre peut et doit être employé non-seulement pour améliorer les produits, mais pour en augmenter la quantité dans certaines limites. L'amélioration serait quelquefois même impossible sans cette augmentation; car ne pouvant éliminer les principes devenus trop acides ou trop acerbes par l'excès de leur quantité, on les diminue relativement par l'addition d'un vin qui ne les contient pas.

Les vins des environs de Paris qui sont renommés par leur crudité, celui de Suresne, celui de Jaux, près Compiègne, qui le dépasse encore, ne peuvent être bus par ceux qui n'y sont point accoutumés. Ils pourraient cependant devenir des vins très-potables, très-agréables même, si on leur appliquait le procédé de sucrage avec l'augmentation de quantité qui vient d'être indiquée.

En général, le sucrage comprend deux espèces d'opérations : par l'une d'elles, on ajoute simplement au moût la quantité de sucre qui lui manque pour qu'il contienne par exemple 8 à 10 0/0 d'alcool ; par l'autre, on augmente la quantité du vin par un moût artificiel qui se prépare en dissolvant simplement du sucre dans l'eau.

Du vin qui contient 0,08 à 0,10 d'alcool et une quantité suffisante de tannin se rapproche des vins de Bordeaux ; il est agréable à boire, n'enivre que difficilement, et se conserve très-bien ; il faut donc amener le vin à contenir cette quantité d'alcool.

Il n'existe aucun moyen très-précis de reconnaître immédiatement la quantité d'alcool qu'un moût peut donner ; cependant, le gluco-œnomètre de Cadet de Vaux, qui est une espèce d'aréomètre, peut être employé avec avantage pour cet usage. Il suffit de plonger cet instrument dans le moût et d'observer le degré auquel a lieu son affleurement : chaque degré donné par cet instrument correspond à un peu plus de 1/100e d'alcool pur qui sera ultérieurement développé par la fermentation du moût.

D'une autre part, si l'on considère que 1^{k}700 de sucre donnent 1 litre d'alcool, il sera facile de savoir combien il faudra en ajouter pour en obtenir 10 0/0. Par exemple, si l'œnomètre indique 7 degrés, il faudra ajouter trois fois 1^{k}700 de sucre par hectolitre de moût, ou 5^{k}100, pour lui faire produire 10 0/0 d'alcool.

Pour la préparation du moût artificiel, 17 kilogrammes

de sucre ajoutés à 90 litres d'eau, donneront un vin contenant 10 0/0 d'alcool.

Depuis la réduction des droits d'entrée, le sucre raffiné pouvant valoir 1 fr. 25 c. le kilogramme, l'hectolitre de vin obtenu par le moût artificiel coûterait au moins 21 fr. 25 c., et le tonneau de 1,000 litres reviendrait à 212 fr. 50 c.; ce qui est un prix fort élevé pour les vins communs, mais un prix très-accessible même pour les vins de qualité moyenne.

En résumé, Messieurs, le sucrage pour l'amélioration des vins est une chose désirable; mais employé au-delà de certaines limites, il deviendrait une fraude déplorable qui devrait être réprimée.

Il est facile de voir que, par le procédé de sucrage, l'alcool revient à 2 f. 12 c. le litre, ce qui est un prix très-supérieur à celui de l'alcool qui se trouve dans le commerce; aussi, bien des viticulteurs préfèrent ajouter de l'alcool au vin une fois fait, et le Gouvernement accorde même une réduction de droit sur l'alcool employé pour cette opération.

Les vins alcoolisés par ce procédé diffèrent essentiellement de ceux qui l'ont été par la fermentation; ils ont une odeur et une saveur spéciales qui permettent aux dégustateurs de les reconnaître facilement, et, en outre, les produits utiles que les vins contiennent, matière colorante et autres, se trouvent diminués en proportion de la quantité d'alcool ajouté; tandis que par la fermentation ils se trouvent augmentés.

On peut remédier à la plupart de ces inconvénients en ajoutant l'alcool dans la cuve avant que la fermentation soit terminée : toute odeur ou saveur spéciales disparaissent,

.et l'alcool s'empare des produits qu'il peut dissoudre.

Ce dernier procédé a une valeur réelle, et je ne saurais trop le recommander. Il n'offre aucune difficulté pour être mis en pratique. En effet, si l'on connaît le degré du moût indiqué par le glyco-œnomètre, sachant qu'il donnera environ un litre d'alcool par hectolitre et pour chaque degré indiqué par cet instrument, il suffit d'ajouter par hectolitre de moût autant de litres d'alcool pur, ou son équivalent à un titre quelconque, qu'il manque de degrés œnométriques pour atteindre celui des centièmes d'alcool que l'on veut obtenir dans le vin.

Par exemple, si un moût marque 7° œnométriques et si l'on veut qu'il donne du vin contenant 10 centièmes d'alcool, il faudra lui ajouter 5 litres d'alcool pur par hectolitre.

L'alcool du commerce n'étant jamais exempt d'eau, on considérera que le nombre des litres à ajouter, mutiplié par cent, et le produit ainsi obtenu divisé par le titre centésimal de l'alcool dont on dispose, donnera le nombre de litres de cet alcool qu'il faut employer. Cela découle des équations suivantes, faciles à comprendre :

$$n \times 100 = t \times x$$

et

$$\frac{n \times 100}{t} = x$$

n étant le nombre de litres indiqué par le procédé précédent, *100* le titre de l'alcool pur, t le titre de l'alcool dont on dispose, et x le nombre cherché.

Si l'alcool n'était pas à 15°, il faudrait consulter les tables de Gay-Lussac ou celle qui accompagne le petit alambic de Salleron. Si l'on n'a point ces tables, il faudra ramener l'alcool à 15° de température, soit en le chauffant, soit en le refroidissant avec de l'eau fraîche, et déterminer son titre à l'aide d'un alcoomètre.

Pour alcooliser les vins après la fermentation, on ne peut employer de l'alcool trop pur. Les alcools rectifiés, et notamment les alcools anglais, sont préférables aux trois-six Montpellier, même ceux dits *droits en goût*. Les alcools ordinaires contiennent de l'amylol, quelquefois de l'aldéhyde et d'autres produits encore, ajoutés par les commerçants pour masquer ces derniers corps, dont l'odeur et la saveur sont horribles et ne doivent point se trouver dans le vin.

Dans l'ancienne Provence et dans la vallée de Cariñena en Aragon, on ajoute du plâtre au moût du raisin en le soumettant à la fermentation.

Cette coutume est déplorable, car le plâtre gâte les vins plutôt qu'il ne les améliore. Ainsi traités, ils ont une teinte bleuâtre et une saveur fade.

Le plâtre, comme vous le savez, est du sulfate de chaux ; il contient toujours une quantité notable de carbonate de cette base. Ce dernier sel sature les acides libres du vin et le tartrate acide de potasse, qu'il transforme en tartrate neutre, en même temps qu'il se produit du tartrate de chaux peu soluble qui se dépose en grande partie.

Le sulfate de chaux décompose à son tour le tartrate de potasse : il se forme du sulfate de potasse et une nouvelle quantité de tartrate de chaux ; or, comme le sulfate de potasse est plus soluble que le tartrate acide de cette base, il peut arriver que le plâtre enlève au moût une quantité de potasse beaucoup plus considérable que celle qui pourrait demeurer dans le vin si elle restait dans ce dernier état de combinaison.

Le vin dissout en outre autant de sulfate de chaux qu'il en peut contenir.

En résumé, le plâtre, ou le carbonate de chaux qu'il contient, sature les acides du vin, transforme le tartrate acide de potasse en sulfate de potasse et en tartrate de chaux, et de plus il augmente la quantité de potasse naturellement contenue dans le vin, en réagissant sur les sels qui existent dans le moût, et enfin il se dissout juqu'à saturation dans le vin. Ce liquide dissout d'autant moins de plâtre qu'il contient plus d'alcool.

La matière colorante, qui n'est plus en présence d'un acide, prend une couleur moins vive et tirant sur le bleuâtre ou le pourpre foncé.

On peut juger de l'effet produit par le sulfate de chaux dans le vin, si l'on pense que l'eau des puits de Paris est saturée de ce sel et qu'il est impossible de la boire. Si l'on peut faire usage des vins plâtrés, c'est parce que les divers principes qu'ils contiennent en masquent la saveur, qui sans cela serait très-désagréable.

En Espagne, c'est pour réagir sur la couleur du vin et pour en saturer les acides que l'on emploie le plâtrage. C'est là une mauvaise opération dans des pays où le raisin atteint presque toujours une maturité parfaite. On obtiendrait le même résultat sans introduire du sulfate de chaux dans le vin, si on le saturait avec du carbonate de chaux, soit avec du marbre blanc ou de la craie en poudre.

M. Poggiale a analysé les cendres de trois espèces de vins plâtrés, comparativement avec les mêmes vins non plâtrés, en opérant sur un litre de chaque espèce. Les résultats qu'il a obtenus sont consignés dans le tableau suivant :

	VINS					
	DE MONTPELLIER.		DU VAR.		DES PYRÉN.-ORIENT.	
	non plâtrés.	plâtrés.	non plâtrés.	plâtrés.	non plâtrés.	plâtrés.
Sulfate de potasse......	0gr395	2gr996	2gr312	4gr582	0gr367	7gr388
— de chaux.......	0 000	0 235	0 000	0 298	0 000	0 365
Carbonate de potasse...	1 869	0 000	0 837	0 000	1 363	0 000
Phosphate de chaux.... } — de magnésie. } Alumine............. }	0 525	0 995	0 305	0 415	0 395	1 420
Acide silicique et sesquioxyde de fer......	0 035	0 055	0 080	0 070	0 065	0 085
Chaux...............	0 082	0 142	0 137	0 105	0 097	0 334
Magnésie	0 066	0 057	0 137	0 168	0 135	0 512
Phosphate de potasse...	quantité sensible	0 000	»	»	»	»
Chlorures.............	traces	quantité sensible	»	»	traces	traces
	2gr972	4gr480	3gr808	5gr638	2gr422	10,104

Les sels contenus naturellement dans le vin peuvent n'être pas les mêmes que ceux que l'on trouve par l'analyse de ses cendres ; ainsi, il ne peut y avoir de carbonate de potasse dans le vin, parce que ce liquide est naturellement acide, et que les acides détruisent les carbonates. Ce carbonate provient très-probablement de la destruction du tartrate potassique, soit neutre, soit acide ; aussi, voit-on les vins naturels donner du carbonate de potasse par l'incinération, tandis que les vins plâtrés n'en peuvent donner.

Ces faits démontrent que le tartrate de potasse est entièrement décomposé par le sulfate de chaux. La grande quantité de sulfate de potasse contenue dans les vins plâtrés a donc son origine dans la réaction indiquée précédemment, réaction qui a lieu entre le sulfate de chaux et le tartrate de potasse du moût.

La grande quantité de cendre donnée par les vins plâtrés est encore une preuve que le plâtre, introduit dans le vin, donne plus de produits que ce dernier n'en contiendrait naturellement, soit en les enlevant au moût, soit en s'y dissolvant simplement, soit enfin en fournissant de la chaux et de l'acide sulfurique. Sous ce rapport, rien n'est plus remarquable que l'analyse comparée des deux vins des Pyrénées-Orientales : le vin naturel n'a donné que $0^{gr}567$ de sulfate de potasse et $2^{gr}422$ de cendres pour un litre, tandis que le vin plâtré a donné $7^{gr}588$ de sulfate de potasse et $10^{gr}104$ de cendres.

Forcée d'accepter des vins plâtrés dans certaines localités, l'Administration de la guerre défend de les recevoir s'ils contiennent plus de 4 grammes de sulfate par litre. Si l'on admet qu'il s'agit de sulfate de chaux, on trouve facilement par le calcul qu'il faudrait $6^{gr}088$ de chlorure de baryum fondu, ou $7^{gr}147$ de chlorure de baryum cristallisé et sec pour le décomposer entièrement. Si l'on opérait sur un décilitre, il n'en faudrait que le dixième, soit $0^{gr}609$ de chlorure de baryum fondu ou $0^{gr}715$ de chlorure de baryum cristallisé.

On peut, à l'aide de ces renseignements, essayer les vins plâtrés, pour voir s'ils sont dans la condition voulue par l'Administration de la guerre.

Si l'on dissout $71^{gr}47$ de chlorure de baryum cristallisé dans de l'eau distillée, et si l'on fait que cette dissolution occupe le volume d'un litre à + 15 degrés, on aura de quoi faire cent essais en opérant chaque fois sur un décilitre de vin à la température indiquée. Il suffit pour cela de mesurer exactement un décilitre de vin, de l'aciduler par de l'acide azotique, d'y ajouter 10 centimètres cubes de la dissolution saline, et de remuer le mélange avec une baguette de verre. Si le vin contient juste 4 grammes de sulfate de chaux ou une quantité équivalente de sulfate de potasse par litre, la précipitation sera complète ; et si l'on filtre une partie de la liqueur, elle ne précipitera plus, ni par une addition de vin, ni par celle du réactif. Si, au contraire, le vin essayé contient plus de 4 grammes de sulfate de chaux par litre, ce sel n'aura pas été entièrement décomposé, et il en restera dans la liqueur : si on en filtre une partie et si l'on y ajoute quelques gouttes du réactif, on aura un précipité sensible. Dans ce cas, le vin ne pourrait être accepté par l'administration de la guerre.

Les vins blancs ne sont point fabriqués comme les vins rouges. Ainsi que nous l'avons dit précédemment, on peut les faire avec du raisin rouge : dans certaines localités, ce sont même les plus recherchés ; mais pour qu'ils n'en prennent point la couleur, il faut les soustraire le plus promptement possible au contact des pellicules qui contiennent la matière colorante. En général, le moût est mis en fermentation dans des tonneaux neufs : le gaz carbonique qui se dégage autour des particules de ferment, augmente considérablement le volume du mélange, et une partie du moût sort par la bonde. On est obligé de tenir les tonneaux pleins pour éviter le contact de l'air qui acidifierait le vin, et il en résulte une perte assez considérable de liquide. M. Masson-Foru a imaginé une bonde hydraulique qui permet la

La perte du ferment par la bonde ne doit pas inquiéter le viticulteur : les vins blancs en renferment généralement une quantité surabondante.

On pourrait facilement fabriquer les vins blancs dans une cuve couverte, comme celle qui a été indiquée précédemment. On éviterait ainsi une grande perte de produit et une manipulation désagréable et dispendieuse.

Les *vins mousseux* doivent à l'acide carboniqae la propriété qu'ils ont d'entrer en ébullition lorsque l'on débouche les bouteilles qui les contiennent.

Sous la simple pression de l'atmosphère, le vin peut, comme l'eau, dissoudre un volume d'acide carbonique sensiblement égal au sien ; si l'on double la pression, il peut en prendre deux fois son volume, et ainsi de suite. De telle manière que, sous une pression de 3, 4, 5 atmosphères, un vin peut renfermer trois, quatre et cinq fois son volume d'acide carbonique.

Cet acide se développant par une fermentation qui a lieu dans les bouteilles, le bouchage empêche qu'il ne s'échappe, et il exerce alors une forte pression contre leurs parois internes ; pression qui suffit pour en casser un grand nombre. Cependant, depuis que l'on a mieux réparti le verre des bouteilles en leur donnant plus d'égalité dans toutes leurs parties, on a pu les rendre beaucoup plus résistantes sans en augmenter le poids.

La pression efficace que l'acide carbonique exerce à l'intérieur pour rompre les bouteilles, est égale à son élasticité réelle, diminuée de la pression que l'air extérieur exerce sortie du gaz carbonique et s'oppose à la rentrée de l'air. Ce petit appareil permet de ne pas remplir les tonneaux et d'éviter la perte due au gonflement du liquide.

en sens inverse. Par exemple, si l'acide possède une élasticité égale à 5 atmosphères, il n'en faudra compter que 4, aussi bien pour l'effet produit contre les parois internes de la bouteille que pour la mousse que le vin pourrait donner. Il résulte de là, que du vin contenant un volume d'acide carbonique égal au sien ne mousserait pas.

Du vin contenant trois fois son volume d'acide carbonique mousse suffisamment. Cependant, en général, l'élasticité de l'acide carbonique atteint jusqu'à 5 atmosphères; au-delà, les bouteilles résisteraient difficilement.

Les calculs qui vont suivre seront faits pour 5 atmosphères de pression; mais la pression définitive sera plus faible, parce qu'il y a toujours une perte d'acide carbonique lorsque l'on dégorge les bouteilles.

Les vins mousseux sont faits avec des vins blancs clarifiés et âgés de quelques mois au plus, qui n'ont point subi une fermentation complète, ou des vins coupés et qui peuvent retenir une certaine quantité de sucre et surtout de la matière albuminoïde propre à donner du ferment. Les vins rosés sont colorés par du vin rouge. On ajoute à ces vins environ 2 kil. de sucre candi ou de très-beau sucre raffiné par hectolitre. Si l'on emploie du sucre raffiné, il faut qu'il ne trouble pas l'eau en s'y dissolvant, et qu'il ne lui communique aucune odeur ni aucune saveur désagréables.

Le sucre doit être dissous d'avance dans du vin blanc, le meilleur que l'on puisse se procurer.

Il résulte d'expériences inédites de M. A. Dupuy, que le vin conserve pendant plusieurs mois assez de ferment pour décomposer le sucre qu'on lui ajoute. Ce ferment s'altère ou se dépose peu à peu avec la lie, et en général, en moins d'un an, le vin n'est plus propre à faire du vin mousseux.

Cependant, comme les vins nouveaux contiennent généralement plus de ferment qu'il n'en faut pour entretenir une
fermentation suffisante, on a un intérêt réel à faire des
coupages, afin d'obtenir un vin moyen qui n'en contienne
que la quantité utilisable.

Pour faire convenablement ces coupages, il importe de
connaître la nature des vins sur lesquels on opère. On peut
y parvenir par plusieurs moyens.

Ceux qui possèdent un laboratoire et des connaissances
chimiques suffisantes, pourront facilement mettre en pratique les procédés suivants :

Le premier procédé consiste à évaporer une petite quantité de vin, à peser le résidu de cette évaporation, et à
doser la quantité d'azote qu'il contient.

Si, par quelques expériences faites à part sur des vins
de même origine âgés d'un an au moins, on connaît la
quantité moyenne de résidu qu'ils donnent par l'évaporation
et la quantité d'azote qu'ils contiennent, l'excès d'azote in-
diquera la quantité de ferment, et l'excès de poids du
résidu, moins celui du ferment, donnera celle du sucre.

La quantité de sucre contenue dans le vin peut être
trouvée très-rapidement par l'emploi d'un aréomètre. Un
saccharimètre spécial pourrait la donner très-facilement.
Pour obtenir quelque exactitude, il importe de chasser
l'alcool du vin en en évaporant environ le tiers, de le
ramener ensuite à son volume primitif par une addition
d'eau distillée, et de le refroidir à 15 degrés de température avec de l'eau de source ou de puits. L'aréomètre pourra
alors faire connaître à peu de chose près la quantité de
sucre contenue dans le vin, et par suite celle d'alcool et
d'acide carbonique qu'il peut donner.

Une partie d'azote en représente 6,25 de ferment sec, et une partie de ferment suffit pour en décomposer 50 de sucre.

Le deuxième procédé est plus direct et plus précis; mais il faut un temps assez long pour le mettre en pratique, tandis qu'il ne faut qu'un seul jour pour le premier.

Il se divise en deux parties : la première fait connaître la quantité de sucre contenue dans le vin ; la seconde, celle du ferment.

Si l'on abandonne un peu de vin sous une éprouvette placée sur une cuve à mercure; si au besoin on y ajoute une petite quantité de levure de bière, et si la température est de 20 degrés, le vin entrera en fermentation. La quantité d'acide carbonique dégagée fera connaître directement ce que l'on cherche. D'une autre part, si l'on ajoute 5 grammes de sucre à un décilitre du vin soumis à l'examen, on opérera dans les mêmes proportions que si l'on en ajoutait 5 kilogrammes à un hectolitre, c'est-à-dire une quantité supérieure à celle que nous avons reconnue utile pour que le vin contienne cinq fois son volume d'acide carbonique. Cette dissolution sucrée, introduite sous une éprouvette placée sur le mercure comme la précédente, donnera, par la quantité d'acide carbonique qui se dégagera, une idée très-juste de celle du ferment. Par exemple, si la dissolution vineuse donne six fois son volume d'acide carbonique, on y ajoutera un volume pour celui qui est dissous dans le vin, on aura ainsi sept volumes; d'où l'on déduira que le vin contient 2/7es de ferment de trop, et que l'on peut le couper avec 2/7es de vin fait et qui n'en contient pas.

Par la même expérience faite sur deux vins, dont l'un contiendrait plus et l'autre moins de ferment qu'il n'en faut, on trouverait dans quelle proportion ils doivent être mélangés pour obtenir un résultat convenable.

Ce problème étant ramené au point qui vient d'être indiqué et le ferment étant exprimé en parties proportionnelles à l'acide carbonique qu'il peut développer, soit par atmosphères et par litres, le coupage pourra être fait très-exactement en prenant les vins en quantités inverses de celles qui existent entre la quantité de ferment que l'on veut obtenir et celles dont on dispose. Il est bien entendu d'ailleurs que l'on ne peut obtenir ce résultat qu'avec deux vins, dont l'un contient plus et l'autre moins de ferment que la quantité voulue, ainsi que cela vient d'être dit.

Admettons donc que le ferment doit donner une quantité d'acide carbonique égale à 5 fois celle du vin et correspondant par ce fait à cinq atmosphères de pression, quantité qu'il ne faut jamais dépasser, et qu'un des vins ne puisse donner que 5 volumes, tandis que l'autre en donne 6, il faudrait, pour faire ce coupage, 2 parties du vin indiqué par le chiffre 6 et 1 partie seulement du vin désigné par le chiffre 5, parce que 6 — 5 = 1 et que 5 — 5 = 2. En renversant l'application, c'est-à-dire en attribuant l'unité au vin 6, et le chiffre 2 au vin 5, on aura le résultat voulu.

En effet,

VOLUME.		TITRE.		VALEUR RÉELLE.
1	$\times$	3	$=$	3
2	$\times$	6	$=$	12
Sommes... 3				15

15, valeur totale et réelle du mélange, divisé par 5, son volume, donne 5, qui est le titre cherché.

Si l'on voulait mêler trois vins ensemble, le problème aurait deux solutions. Mais quel que soit le nombre des vins à mêler, on obtiendra toujours un résultat facile, en supposant qu'on les mêle, et en cherchant le titre du mélange par le mode de calcul qui vient d'être indiqué pour trouver la quantité du dernier vin à ajouter.

Pour ne point commettre d'erreurs, on pourra calculer à part tous les vins inférieurs au titre voulu, et tous les vins supérieurs à ce titre.

Le titre du mélange sera trouvé facilement en multipliant chaque titre par la quantité correspondante, faisant la somme des produits et divisant cette somme par celle des quantités, comme ci-dessus (¹).

Si l'on veut des vins secs, il faut proportionner exactement le sucre au ferment, et même faire en sorte d'avoir un excès de ce dernier, qui, finalement, se trouve neutralisé par l'alcool que l'on ajoute avant de clore les bouteilles d'une manière définitive. Si l'on veut des vins sucrés, il est facile d'ajouter un excès de sucre.

Les notions qui précèdent suffisent pour expliquer ce qui se passe dans cette opération et pour en calculer les résultats.

Si 400 litres d'acide carbonique correspondent à un litre d'alcool, et un litre de ce liquide à 4,700 grammes de sucre, on voit qu'un centimètre cube d'acide carbonique, à 15 degrés, correspond à 0ᵍ00425 de sucre cristallisé.

Par exemple, si l'on veut obtenir un litre de vin contenant cinq fois son volume d'acide carbonique, cela fait 5 litres ou 5,000 centimètres cubes de gaz carbonique; 5,000 multiplié par 0ᵍ00425, donnent 21ᵍ25 de sucre, soit

---

(¹) Les vins dont les quantités seraient représentées par $a, b, c, d,\ldots$ aux titres, $t, t', t'', t'''\ldots$ donneraient le titre T du mélange par cette équation :

$$\frac{a\,t + b\,t' + c\,t'' + d\,t'''\ldots}{a + b + c + d\ldots} = T$$

2^{k}125 par hectolitre, quantité qui se rapproche de celle indiquée précédemment. Si le ferment le permet, on peut en ajouter davantage, parce qu'il se fait une perte d'acide dans l'opération du dégorgement.

Cette opération préalable est indispensable, parce que l'on ne pourrait employer seul un vin qui ne contiendrait pas assez de ferment pour qu'il fournît environ cinq fois son volume d'acide carbonique, et que, dans tous les cas, on ne doit pas ajouter plus de sucre que le ferment n'en peut transformer; car l'excès de ce sucre demeurerait intact et donnerait au vin sa saveur spéciale.

Après le sucrage, le vin est immédiatement introduit dans des bouteilles que l'on bouche et que l'on ficelle. La fermentation s'établit, et à mesure qu'elle marche, elle produit du ferment insoluble qui se dépose. Quand l'opération est terminée, ce qui a lieu après quelques mois et quelquefois un an, il faut alors incliner les bouteilles ou les tenir renversées sur des planches trouées, pour que le dépôt se forme sur le bouchon. Pour obtenir ce résultat, on leur imprime un mouvement alternatif de rotation sur leur axe maintenu verticalement. Lorsque le vin est bien clair, on débouche les bouteilles en tenant leur col en bas et pendant un instant seulement, pour que le dépôt en sorte. On les redresse immédiatement, et on y ajoute un sirop fait avec du sucre très-pur et de l'eau-de-vie blanche préparée avec de l'alcool très-fin et du vin blanc. Les bouteilles sont immédiatement bouchées d'une manière définitive.

Il serait très-avantageux, pour les fabricants de vins mousseux, d'abaisser la température du vin avant d'en opérer le dégorgement; on éviterait ainsi une perte assez considérable. On pourrait pour cela installer des glacières auprès des fabriques, ou obtenir le refroidissement par des moyens artificiels qui ne manquent pas aujourd'hui.

On imite les vins mousseux ordinaires en chargeant des vins blancs avec de l'acide carbonique, de même que s'il s'agissait de préparer les eaux gazeuses. Ce procédé de fabrication n'a pas encore été suffisamment étudié, et en général il donne des vins qui ne se conservent pas.

On peut aussi préparer instantanément du vin mousseux qui est assez agréable, mais qui a l'inconvénient d'être légèrement purgatif. D'une bouteille de vin blanc on retire environ un décilitre de liquide, et on y ajoute 20 grammes de sucre, 5 grammes de bi-carbonate de soude et autant d'acide tartrique en fragments. Il faut éviter de pulvériser ce dernier produit, parce qu'il se ferait immédiatement une vive effervescence et la bouteille ne pourrait plus être bouchée. On achève de remplir cette bouteille avec le vin mis de côté, et on la bouche rapidement avec un bouchon mouillé. Il faut la ficeler aussitôt après et la remuer de temps en temps jusqu'à ce que les produits soient dissous. Le vin ainsi préparé est agréable à boire, mais il ne peut être conservé.

La composition des vins est éminemment variable. A l'exception de l'eau, de l'alcool et de quelques sels minéraux qu'ils renferment tous, les autres matières qui les constituent ne se rencontrent que dans des vins déterminés.

Les vins blancs ne contiennent pas de matière colorante; les vins secs ne renferment que peu ou point de principe sucré; les vins très-alcooliques contiennent à peine du tartrate hydro-potassique, qui se rencontre en quantité très-considérable dans les vins du nord de la France.

Ne devant examiner aucun vin d'une manière spéciale

nous passerons en revue les différents principes qui, jusqu'à ce jour, ont été reconnus ou même simplement soupçonnés dans les diverses espèces de vins qui ont été examinées. Ces principes sont très-nombreux; on les trouve réunis dans le tableau suivant :

Matières entrant dans la composition des vins.

EAU.
ALCOOL.

CORPS ORGANIQUES FIXES, PLUS OU MOINS SAPIDES.

Matières sucrées... { Sucre. / Glycérine.
Matière astringente, tannin.
OEnanthine de M. Fauré.
Ferment albuminoïde.
Matière muqueuse indéfinie ?
— extractive indéfinie ?
Alcaloïdes ou amides.

Acides et sels.
Acide tartrique.
Tartrate hydro-potassique.
— potassique.
— calcique.
— ferrique.
Acide succinique.
Acide malique.
Sels ammoniacaux.
Sels alcaloïdiques.

MATIÈRES COLORANTES.
Bleue.
Rose.
Jaune.
Brune.

MATIÈRES VOLATILES FORMANT LE BOUQUET DES VINS.
Éthers divers.
Huiles volatiles.
Produits indéterminés.

SELS MINÉRAUX.
Sulfate de potasse et de soude.
Chlorure sodique.
Phosphate calcique.
— ferrique.

L'*eau* existe en quantité très-considérable dans le vin; elle provient de celle qui circule dans le sol, qui a été aspirée par les radicules de la vigne et qui s'est élevée jusque dans le raisin. Celle ajoutée récemment au vin est reconnaissable pour un dégustateur exercé. Il paraît qu'il faut un certain temps pour qu'elle s'unisse intimement avec certains produits entrant dans sa composition. Il n'arrive que trop souvent que le vin est falsifié avec de l'eau. Cette fraude est reconnaissable, lors même que l'on a remonté le titre du vin par de l'alcool. Effectivement, on ne peut ajouter de l'eau à du vin sans diminuer la proportion des principes fixes qui entrent dans sa composition. Si l'on peut se procurer des vins de la même origine et si on les évapore, la quantité de résidu fixe ne sera pas la même dans les deux cas, et sera proportionnelle à la quantité de vin réel contenu dans le mélange, ce qui permettra de calculer la quantité d'eau qui s'y trouve. Par exemple, si le résidu fixe du vin auquel on a ajouté de l'eau n'est que les trois quarts de celui qui n'en contient pas, le vin falsifié ne contiendra que les trois quarts de son poids de vin pur.

L'*alcool* est, après l'eau, le produit le plus constant et le plus abondant du vin. Ce qui a été dit précédemment, en parlant de la fermentation et du sucrage, nous dispense d'entrer dans de nouveaux détails.

Il existe une différence assez notable entre le vin naturel et le vin alcoolisé, pour que l'on ait mis en doute l'existence de l'alcool dans le vin. Quelques personnes ont pensé qu'il pouvait ne se former que sous l'influence de la chaleur et pendant la distillation, par la décomposition ou la transformation d'un autre produit.

Gay-Lussac a prouvé que l'alcool existait naturellement

dans le vin et qu'il n'était pas produit par la chaleur. Pour obtenir cette démonstration, il a ajouté à du vin autant de carbonate de potasse qu'il a pu en dissoudre, et l'alcool s'est séparé par la seule différence existant entre son poids spécifique et celui de la dissolution. Le résultat de cette expérience est ici sous vos yeux.

C'est par la distillation que l'on détermine la quantité d'alcool contenue dans le vin. Pour cela, on distille une quantité de vin exactement mesurée, et l'on en recueille le tiers.

Si l'on plonge un alcoomètre de Gay-Lussac dans le produit de la distillation à 15 degrés de température, le degré d'affleurement de l'instrument, divisé par trois, indique exactement les centièmes d'alcool contenus dans le vin.

Gay-Lussac a fait construire des appareils exprès pour pratiquer cette opération; mais comme son alcoomètre a environ 20 centimètres de longueur et qu'il exige qu'on opère sur une quantité un peu considérable de liquide, M. Salleron a fait construire un appareil du même genre, dont l'aréomètre ne contient que les *degrés* qui peuvent provenir de la distillation faite dans les conditions indiquées. Cet appareil est très-répandu. Plusieurs d'entre vous le connaissent sans doute, et le voici tout monté sur cette table.

Si l'on opère sur une très-petite quantité de liquide, comme dans l'appareil de Salleron, on ajoute de l'eau distillée au produit de la distillation pour le ramener au volume du vin distillé. L'alcoomètre indique alors directement et en centièmes la quantité d'alcool contenue dans le vin, si la température est de 15 degrés.

Le *sucre* est généralement détruit par la fermentation. Cependant, il y a des vins qui en contiennent encore une quantité très-notable : tels sont les vins de Frontignan, de Lunel, de la Tour-Blanche, et une foule de vins liquoreux produits à l'étranger, et même le vin blanc doux de Bergerac.

Le principe sucré des vins n'a pas été étudié; peut-être a-t-il été profondément modifié et n'est-il pas ce que l'on pense généralement.

La *glycérine* que M. Pasteur a trouvée dans les produits de la fermentation a été découverte par Scheele, qui lui a donné le nom de *principe doux des huiles;* car elle existe effectivement dans la plupart des corps gras et peut en être extraite par la saponification. Elle est sous forme d'un liquide épais et visqueux, ayant une densité de 1,26 et possédant une saveur très-sucrée. Cependant, elle n'est point détruite par la fermentation alcoolique. Sa composition peut être représentée par $C_6 H_8 O_6$.

Par l'oxydation, elle peut être transformée en acide acétique et en acide formique. Elle ne peut être volatilisée sans être détruite. Elle est d'ailleurs soluble dans l'eau, dans l'alcool et dans les huiles fixes. Il est possible que certains vins en renferment des quantités très-notables.

Le *tannin* est un des principes du vin. On le rencontre spécialement dans celui de ces contrées; il les caractérise et leur communique des qualités toutes spéciales, dont la principale est de concourir à leur conservation. Il provient principalement des rafles et du périsperme (ou enveloppe des pépins du raisin).

Le tannin ordinaire est soluble dans l'eau, dans l'alcool et dans l'éther aqueux. Sa dissolution noircit par l'addition d'un mélange de sel de protoxyde et de sel de sesqui-oxyde de fer, et précipite abondamment par la gélatine; aussi, le collage des vins par la colle de poisson leur fait-il perdre une quantité notable de tannin. On peut donc diminuer l'âpreté des vins par le collage, mais on peut aussi leur enlever le tannin qui leur est utile.

Aucun travail spécial n'a été fait sur le tannin du raisin. C'est une lacune qu'il conviendrait de remplir.

Les vins blancs qui brunissent ou noircissent au contact de l'air doivent probablement cette propriété à la présence du tannin et à celle d'un sel correspondant au protoxyde de fer ; l'oxygène de l'air ferait passer ce dernier à l'état d'oxyde intermédiaire, et, en présence du tannin, il se ferait un produit analogue à l'encre.

L'*œnanthine* est un produit qui a été trouvé par **M.** Fauré dans les vins de Bordeaux les plus savoureux, et c'est à elle que ce chimiste attribue l'*onctuosité*, le *moëlleux* et le *velouté* des vins.

Cette substance est glutineuse, filante, élastique ; elle se dissout dans l'eau et dans l'alcool faible. La chaleur la liquéfie, la boursoufle et en dégage des vapeurs ammoniacales. Le tannin ne la précipite point de sa dissolution. L'ébullition prolongée dans l'eau ne l'acidifie ni ne la coagule ; les acides minéraux la colorent sans altérer sensiblement ses propriétés. Elle n'est transformée ni en acide mucique ni en acide oxalique par l'acide azotique, et l'acide sulfurique ne la saccharifie pas.

M. Fauré pense que cette matière n'existe point dans le moût du raisin, et qu'elle est un produit de la fermentation.

La *matière albuminoïde* qui est susceptible de se transformer en ferment n'est pas toujours éliminée par la fermentation. Il y en a quelquefois un excès. C'est surtout dans les vins blancs qu'on la trouve, et notamment dans ceux de la Champagne ; elle les prédispose à l'altération qui porte le nom de *graisse*. On s'en débarrasse par le tannin.

La *matière muqueuse* admise par quelques chimistes comme existant dans certains vins est une matière mal définie, soluble dans l'eau et précipitable par l'alcool.

L'*extractif* est un mélange indéterminé, signalé par quelques auteurs, mais dont on ne peut admettre l'existence. Ce serait un produit d'abord soluble dans l'eau, qui serait susceptible d'absorber de l'oxygène et de devenir insoluble par l'évaporation de son dissolvant.

Les *acides et les sels à acides organiques* qui sont contenus dans le vin sont assez nombreux.

L'*acide tartrique* est produit en abondance par la vigne.

Cet acide a pour composition $C_8H_6O_{12}$. Il est bibasique ; c'est-à-dire qu'il peut s'unir à deux équivalents de base en remplacement de deux équivalents d'hydrogène. Ces deux bases peuvent être de natures différentes, et c'est là le vrai caractère des sels bibasiques. Un seul équivalent d'hydrogène peut être remplacé, et l'on a alors un sel dit vulgairement *sel acide* et dans le cas présent *tartrate acide*.

L'acide tartrique rougit fortement la teinture de tournesol ; c'est à lui ou au tartrate hydropotassique que les vins doivent leur acidité. Il a pour principaux caractères chimiques de faire naître dans l'eau de chaux un précipité lorsqu'on l'y ajoute en très-petite quantité, et de redissoudre ce précipité lorsque l'on en augmente suffisamment la quantité. Ajouté à un sel de potasse en dissolution concentrée, il y fait naître un précipité cristallin qui exige quelques instants pour se produire et qui se forme principalement par l'agitation. Une addition d'alcool en favorise la production.

On en peut reconnaître la présence dans le vin par l'addition d'un sel de potasse et notamment par celle du tartrate neutre de cette base. Si l'on emploie l'alcool pour favoriser la réaction, il faut faire un essai à part pour voir si le vin ne précipite pas par la seule addition de ce liquide; car un vin saturé de tartrate hydropotassique donnerait un dépôt de ce sel par la seule addition de l'alcool, parce qu'il est presque insoluble dans ce véhicule.

Le *tartrate hydropotassique,* ou *tartre,* ou *crème de tartre,* ou même encore *tartrate acide de potasse,* existe en quantité plus ou moins grande dans tous les vins. Ils s'en dépouillent à mesure qu'ils vieillissent; aussi la *lie* et surtout le *tartre* qui se déposent dans les tonneaux en sont-ils presque entièrement formés. Ce sel cristallise facilement en prismes à quatre pans. L'eau à 20 degrés n'en dissout que la 184me partie de son poids. L'eau alcoolisée en dissout moins encore.

J'ai trouvé que l'eau alcoolisée en dissout les proportions suivantes :

QUANTITÉ D'ALCOOL exprimé en volume.	SEL DISSOUS en poids pour un litre.
0,00	5,6^{gr}
0,05	5,0
0,10	3,8
0,15	2,6
0,20	2,0

On voit par ce tableau, par exemple, que l'eau contenant 0,10 (dix centièmes) d'alcool dissout 58 dix millièmes de tartrate hydropotassique et c'est là à peu près la quantité de ce sel qui doit se trouver dans le vin qui en est saturé. Le tartrate hydropotassique croque sous la dent ; il a une saveur fort acide, et rougit fortement la teinture de tournesol ; chauffé sur une lame de platine il se boursoufle, répand une odeur de caramel et se charbonne. Par une combustion complète, il se transforme en carbonate de potasse.

Le *tartrate neutre de potasse* est un sel cristallisable ; sa saveur est amère. L'eau en dissout le quart de son poids ; lorsque l'on ajoute de l'acide tartrique à sa dissolution suffisamment concentrée, il se forme un précipité cristallin de crème de tartre ; aussi ne peut-il exister dans les vins concurremment avec cet acide. Mais sa présence n'excluant pas celle du tartrate hydropotassique, il en résulte que le vin peut avoir une saveur acide et contenir du tartrate neutre de potasse. Les vins qui contiennent ce sel précipitent par l'acide tartrique et l'alcool.

Les vins en vieillissant se décolorent, perdent en grande partie leur saveur acide et en prennent une légèrement amère. Cette transformation doit être en partie due à la destruction du tartrate acide de potasse et à la production du tartrate neutre.

Le *tartrate calcique,* ou *tartrate de chaux,* est un sel beaucoup moins soluble que le précédent, l'eau n'en prenant que la six-centième partie de son poids.

Si l'on verse avec ménagement une dissolution d'acide tartrique dans de l'eau de chaux, on obtient un précipité de tartrate de chaux ; si l'on en ajoute davantage, le précipité se redissout. Cela tient à ce qu'il se fait un nouveau sel : le tartrate hydrocalcique, qui est plus soluble que le tartrate calcique neutre.

Ce sel existe dans le moût du raisin, ainsi que nous l'avons vu précédemment; de là il passe dans le vin et de là dans la lie et le tartre, où la chimie permet de le retrouver.

Le *tartrate de fer* existe probablement dans les vins. On retrouve ce métal en quantité notable dans les lies, dans le tartre, et M. Fauré l'a reconnu directement dans le vin. Il est probable qu'il y existe à l'état de tartrate, et que c'est à sa présence que certains vins blancs doivent la propriété de prendre une couleur foncée lorsqu'ils sont exposés à l'air, ainsi que cela a été indiqué précédemment.

Quelques vins d'Italie contiennent de l'acide *paratartrique*. Cet acide possède à peu près les mêmes propriétés que l'acide *tartrique*. Ses cristaux s'effleurissent à l'air au lieu d'en attirer l'humidité comme ceux de ce dernier acide, et il n'exerce aucune action sur la lumière polarisée.

L'*acide succinique* trouvé par M. Pasteur dans les produits de la fermentation alcoolique, et qui par cela même peut exister dans le vin, est un produit solide et cristallisable. Il est très-soluble dans l'eau et dans l'alcool, mais il est insoluble dans l'éther ordinaire. Il possède une saveur métallique. En admettant toujours que cet acide soit le produit indispensable de la fermentation vineuse, il paraît y en avoir dans le vin environ dix grammes par chaque litre d'alcool.

L'*acide malique* existe abondamment dans le suc des pommes, ainsi que son nom l'indique; car ce nom est tiré de *malum,* qui est celui de ce fruit dans la langue latine. Plusieurs auteurs ont accusé sa présence dans le vin, notamment M. Batillat. Ces faits auraient besoin d'une nouvelle confirmation. Cet acide est difficilement cristallisable.

Il possède une saveur très-acide et est très-soluble dans l'eau et dans l'alcool. Il forme avec le plomb un sel peu soluble, qui cristallise en houppes soyeuses.

L'azote du ferment disparaissant pendant la fermentation, M. Dubrunfaut a été conduit à rechercher ce qu'il devenait, et a reconnu qu'il donnait naissance à de l'ammoniaque, qui se trouvait combinée à l'acide acétique. L'acide lactique étant peu connu à l'époque où M. Dubrunfaut a fait son travail, cet acide se produisant en quantité très-notable dans la fermentation du glycose, j'ai émis l'opinion que l'ammoniaque devait être plutôt à l'état de lactate qu'à celui d'acétate.

Ces faits sont relatifs à des fermentations artificielles, et il est possible qu'ils ne se rapportent point à la production du vin.

Il y a déjà quelques années que je me suis aperçu qu'en faisant bouillir de l'extrait de vin avec une dissolution concentrée de potasse, il s'en dégageait des produits volatils, odorants, particuliers. Ce résultat semble indiquer qu'il existe des *alcaloïdes* dans le vin. Ces produits pourraient se trouver naturellement dans le raisin, mais ils pourraient bien aussi être formés aux dépens de l'azote du ferment. Leur étude approfondie permettrait probablement de combler la lacune qui existe dans l'équation de la fermentation, et de faire coïncider les travaux de M. Dubrunfaut avec ceux de M. Pasteur.

Je me propose de reprendre ces travaux.

Les *matières colorantes* reconnues dans le vin sont au nombre de quatre : une matière bleue, devenant rouge sous l'influence des acides; une rose, une jaune et une brune.

7

La matière *bleue,* indiquée par Chaptal, a été particulièrement étudiée par M. Fauré et par M. Batilliat. Ce dernier chimiste la nomme *pourprite*.

Cette matière, lorsqu'elle est isolée et desséchée, est d'une couleur si foncée, qu'elle paraît noire ; elle possède une saveur astringente ; elle est insoluble dans l'éther sulfurique et dans l'eau, mais elle est soluble dans l'alcool, et c'est à ce véhicule que l'on doit sa présence dans le vin ; elle possède la propriété remarquable de former un composé insoluble avec la gélatine. Les acides avivent sa couleur ; les alcalis la verdissent. Selon M. Batilliat, cette matière contient de l'azote.

On peut l'extraire facilement de la lie du vin rouge. Pour cela, il faut laisser égoutter cette dernière et la mettre à la presse ; ensuite, on la traite par l'alcool ordinaire, qui dissout la matière colorante ; on distille le produit pour recueillir une partie de l'alcool, et l'on y ajoute ensuite de l'eau, qui précipite la matière colorante ; celle-ci est recueillie sur un filtre, lavée à l'eau distillée, desséchée et traitée enfin par l'éther, qui en sépare quelques matières étrangères en les dissolvant.

Cette substance ne cristallisant pas, on ne peut être certain de l'avoir pure ; mais on l'obtient dans un état de concentration suffisant pour en étudier les propriétés.

La *rosite* est admise dans le vin par M. Batilliat. Il est probable qu'elle n'est qu'une modification de la matière précédente. Elle serait soluble dans l'alcool et dans l'eau, mais insoluble dans l'éther, et ne serait point précipitée par la gélatine.

La *matière jaune,* selon M. Fauré, existerait dans la pellicule du raisin rouge, et l'on pourrait l'en extraire par l'éther, qui la dissout. Si l'on place la dissolution éthérée dans une capsule et qu'on l'abandonne à l'évaporation, la matière colorante prend peu à peu une teinte rose, puis rouge et enfin violette. Cette propriété rattache encore cette matière colorante à la pourprite, et l'on peut admettre qu'il y a dans le raisin une matière unique qui, selon l'espèce ou le degré de maturité de ce fruit, peut donner successivement le jaune, le violet et le bleu ; couleur qui devient rouge sous l'influence des acides du raisin.

La *matière brune* existe principalement dans certains vins blancs et dans quelques vins espagnols. Dans la plupart des cas, elle paraît due à l'action du feu employé pour préparer les vins cuits.

Le vin contenant des acides et de l'alcool, il paraît possible qu'il s'y trouve des éthers. Toutefois, il faut reconnaître qu'il ne suffit pas de mettre un acide en présence de l'alcool pour qu'un éther soit produit. Non, cela ne peut avoir lieu que sous l'influence d'une réaction plus profonde, et dans laquelle de l'eau est éliminée, afin que les corps mis en présence puissent se pénétrer et s'unir chimiquement. L'éther tartrique surtout devrait exister dans certains vins très-acides. MM. Liebig et Pelouze ont extrait du vin par la distillation, ou plutôt de la lie de vin, un composé particulier auquel ils ont donné le nom d'*éther œnanthique;* mot tiré du grec et qui veut dire *fleur* ou *bouquet du vin.*

Ce produit est liquide ; il possède une odeur très-forte, et le vin ne peut, par cela même, en contenir que des traces. Sa saveur est âcre et désagréable. Il est très-soluble dans l'alcool et dans l'éther. Sa densité est de 0,862, et il n'entre en ébullition qu'à 250 degrés. Son peu de volatilité fait qu'il est un des derniers produits de la distillation du vin et qu'il ne fait point partie des principes fugaces; aussi le retrouve-t-on dans le vin *éventé*.

Le vin contient sans doute, en outre des nombreux produits qui viennent d'être signalés, des huiles volatiles venant principalement de la pellicule du raisin et des produits si variés qui parfument ce fruit.

Il renferme toujours un certain nombre de sels minéraux qui ont été indiqués dans le tableau général représentant sa composition.

On peut constater la présence et la nature de ces sels en évaporant du vin et brûlant l'extrait qu'il donne. Le résidu de la combustion contient les sels minéraux, plus une quantité très-considérable de carbonate de potasse, provenant de la destruction du tartrate de cette base. Si l'on traite ce résidu par l'eau, on le divise en deux parties : une qui contient les sels solubles, et l'autre les sels insolubles. Dans la premiere, après avoir détruit le carbonate de potasse par de l'acide azotique ajouté en léger excès, on reconnaît facilement la présence de la potasse, du chlore et de l'acide sulfurique. Dans la seconde, on reconnaît également la présence du phosphate de chaux et quelquefois du phosphate de fer. L'analyse de cette cendre ne diffère en rien de celle d'une autre cendre, et nous avons consacré trop de temps à ce sujet pour qu'il soit possible d'y revenir maintenant.

La composition du vin se résume dans l'eau, l'alcool, les principes acides, astringents ou amers, la matière colorante, les produits volatils qui forment le bouquet et quelques sels minéraux. Des vins liquoreux contiennent en outre des matières sucrées ou mucilagineuses.

L'alcool donne au vin une saveur chaude et participe au bouquet. Les matières acides rehaussent fortement la saveur du vin; mais lorsqu'elles dépassent une certaine dose, elles le rendent désagréable. Les vins du Bordelais sont en général astringents; ceux de la Bourgogne et de la Champagne ont une saveur légèrement amère. La matière colorante rouge concourt sans doute par sa présence à établir les différences que l'on observe, à la dégustation, entre les vins rouges et les vins blancs. Les produits odoriférants qui concourent à la formation du *bouquet* sont plus ou moins volatils et par suite plus ou moins fugaces. Les vins blancs des bords du Rhin et des bords de la Loire ont un bouquet excessivement prononcé, quelquefois même désagréable pour ceux qui n'y sont point accoutumés. Les vins fins de la Bourgogne doivent leur bouquet à des matières très-volatiles; aussi faut-il avoir le soin de boucher les bouteilles immédiatement après en avoir pris. Il n'en est pas de même des vins du Médoc : il faut les chauffer à la température des appartements pour que leur arome reçoive tout le développement dont il est susceptible, et l'on peut les laisser dans des vases ouverts, pendant la durée d'un repas, sans qu'ils en souffrent d'une manière notable. Cela est évidemment dû à ce que les principes aromatiques de ces derniers vins sont peu volatils.

C'est la juste pondération de ces divers principes qui fait la qualité des vins.

L'excès d'alcool rend les vins échauffants et enivrants; l'excès de certains principes aromatiques non encore isolés et qui se rencontrent principalement dans les vins blancs, fait naître des accidents nerveux réellement redoutables; l'excès de la matière colorante rend le vin répugnant; l'excès d'acide le rend difficile à boire et nuit aux fonctions digestives de l'estomac.

Les vins sucrés ou liquoreux, quelle que soit leur origine, ne peuvent être considérés comme une boisson alimentaire. Ils ne peuvent être bus qu'en très-petite quantité et non pour apaiser la soif.

Les vins de la Gironde, considérés comme vins alimentaires, l'emportent sur tous les autres, sans exception, par l'ensemble de leurs qualités. Ils se conservent bien et peuvent supporter les plus longs voyages; l'alcool y est en faible quantité, leurs principes aromatiques ne sont point trop fugaces et n'excitent point le système nerveux; ils facilitent la digestion et n'enivrent qu'à une dose fort élevée.

Immédiatement après la fermentation, les vins rouges sont transvasés dans des barriques. Les vins fins, et en général ceux qui ont un bouquet fugace ou très-volatil, doivent subir cette opération dans le temps le plus court possible, et même n'être transvasés qu'à l'aide de tubes.

La gutta-perca, qui ne peut communiquer aucune saveur, ni aucune odeur au vin, pourrait servir pour faire des instruments tubulaires, siphons et autres, qui auraient le double avantage d'être inattaquables et de n'être point fragiles.

Les barriques doivent être maintenues dans un lieu de température invariable et remplies jusqu'à la bonde. Si la température du lieu où résident les barriques pouvait varier, il faudrait ne point les remplir, parce que le vin se dilatant plus que le bois par une élévation de température, ferait sauter les bondes ou disjoindrait les douves des barriques.

Le bois choisi pour faire des barriques est le chêne, et il y a même un choix à faire parmi ceux de diverses provenances.

Le vin pénètre très-lentement dans les parois des barriques, dissout les principes solubles qui consistent principalement en tannin, et, arrivé à la surface extérieure, il s'évapore.

Il suffit d'imprégner un morceau de chêne avec un sel de fer pour le voir noircir comme de l'encre et montrer ainsi la présence du tannin.

Ceux qui conservent du vin dans des tonneaux savent que sa quantité diminue. Il est probable qu'il ne perd que de l'eau ou du vin très-affaibli, et que cette perte est due à la perméabilité des douves et à l'évaporation qui a lieu à leur surface. Cela est démontré par un fait d'endosmose bien connu : si l'on met de l'eau-de-vie dans une vessie et qu'on l'abandonne à l'air, l'alcool se concentre et l'eau seule s'évapore. Cela est dû à ce que l'eau pénètre plus facilement que l'alcool dans les tissus de la vessie; il doit en être de même pour le bois, malgré la grande différence qui existe entre les matières animales et les produits végétaux.

L'espace vide des tonneaux contient de l'air saturé de vapeur d'eau et de vapeur d'alcool. Cette dernière domine, car les vapeurs doivent être en quantités proportionnelles à leur tension. Il est d'ailleurs facile de s'en assurer par une expérience bien simple : si l'on perce, au-dessus du liquide, une barrique en partie pleine de vin; si par cette ouverture on introduit un tube de verre ou un simple fétu de paille sans pénétrer dans le liquide, et si l'on aspire fortement, il est facile de sentir que la vapeur qui pénètre dans la bouche a une saveur chaude et brûlante que l'eau ne pourrait produire, et qui est évidemment due à l'alcool.

Cette expérience réussit avec des liquides bien moins riches en alcool que le vin, avec du cidre par exemple.

L'air qui se trouve dans la chambre du tonneau peut, par son oxygène, brûler l'alcool et donner naissance à de l'acide acétique ou au moins à de l'éther acétique. C'est ainsi que se forment les vins acides, que l'on dit *piqués*.

Il faut donc surveiller les chais et remplir les tonneaux le plus souvent possible. Cette opération porte le nom d'*ouillage*.

Les vins que l'on tire d'un même tonneau à mesure des besoins, finissent toujours par s'altérer et sont très-inférieurs à ce qu'ils eussent été si on les eût mis en bouteilles en une seule opération.

Lorsque l'on tire du vin d'un tonneau, il faut remplacer le liquide qui s'écoule par une quantité égale d'air, non pas parce que le vin ne trouverait nulle part à se loger dans l'univers, comme l'a écrit le célèbre Descartes, mais parce que la pression de l'air s'opposerait à son écoulement; aussi pratique-t-on sur les futailles une petite ouverture que l'on bouche avec un fosset, et que l'on ouvre chaque fois que l'on tire du vin. C'est ce que l'on nomme le *fosset d'évent*.

On a pu voir à l'exposition de la Société philomathique un fosset hydraulique que je vous présente ici; il permet à l'air de rentrer en passant à travers une couche d'eau quand la pression diminue dans le tonneau par l'écoulement du vin, mais il ne permet pas de communication directe entre l'air contenu dans le tonneau et celui du dehors.

Ce petit appareil a simplement pour but de remplacer le fosset d'évent, et d'obvier à l'inconvénient qu'il y aurait à oublier de le remettre en place après avoir tiré du vin; mais il ne s'oppose point à la rentrée de l'air et à tous les inconvénients qui résultent de sa présence dans la chambre du tonneau.

Pendant leur conservation, les vins subissent des modifications considérables dans leur composition. Cela est prouvé par la lie et le tartre qu'ils abandonnent.

Braconnot a donné une analyse de la lie de vin. Elle a la composition suivante :

Matière animale paraissant d'une nature particulière	0,2070
Matière grasse, molle, de couleur verte (chlorophylle)	0,0160
Matière grasse, blanche, ayant la consistance de la cire	0,0050
Phosphate de chaux	0,0600
Tartrate acide de potasse	0,6075
— de chaux	0,0525
— de magnésie	0,0040
Sulfate et phosphate de potasse	0,0280
Silice mêlée de grains de sable	0,0200
Matière gommeuse	Quantité indéterminée et peu considérable.
— colorante rouge des raisins.	
Tannin	
	1,0000

La matière animale de la lie est de nature albuminoïde et représente probablement le ferment du raisin qui se trouve en excès dans le vin et est abandonné par ce liquide. Cependant, mise en présence d'une dissolution de sucre, après son extraction, elle n'en détermine pas la fermentation; mais cela est sans doute dû à ce qu'elle est unie à du tannin ou à quelque autre matière qui en masque les propriétés.

L'existence de la chlorophylle ou matière verte des plantes dans la lie du vin est aussi un fait intéressant, surtout depuis que M. Frémy a tiré de cette matière verte une matière bleue qui pourrait avoir quelque relation d'origine avec la matière colorante du raisin et du vin, qui est primitivement bleue, ainsi que nous le verrons bientôt.

Le tartre des vins a été soumis à l'analyse par John. Sa composition peut être représentée ainsi qu'il suit :

Tartre (tartrate hydro-potassique)......................	0,90
Résine molle, rougeâtre, soluble dans l'éther, possédant l'odeur de la vanille..................................	0,01
Matière résineuse d'un rouge ponceau....................	0,02
Gomme...	0,02
Matière sucrée..	0,01
Fibre ligneuse d'un rouge cerise avec un peu de tartrate acide de chaux..	0,04
	1,00

La fibre ligneuse provenait probablement des tonneaux dont on avait extrait le tartre.

Quelquefois les vins restent troubles et l'on est obligé de les clarifier, soit avec de l'ichthyocolle ou colle de poisson, soit avec de l'albumine ou des blancs d'œufs battus.

Le *collage* des vins ne peut être fait sans discernement, car il peut avoir les plus graves inconvénients. Le collage à l'ichthyocolle ou à la gélatine enlève de la matière colorante et du tannin; il peut donc, par cela seul, modifier profondément le vin dans sa couleur dans sa saveur, et nuire à sa conservation.

L'albumine réagit aussi sur le tannin, et si l'une ou l'autre est mise en excès, les vins contractent une mauvaise odeur; ils deviennent sujets à *tourner* ou à perdre ultérieurement leur transparence et à s'altérer profondément.

Certains vins, et notamment des vins blancs privés de matière colorante et de tannin, ne peuvent être convenablement clarifiés que par l'emploi successif de la matière collante et du *tannin*. Ce dernier produit, employé en quantité convenable, peut enlever jusqu'aux dernières traces de la gélatine et disparaître lui-même.

Les vins en bouteilles sont ceux qui se conservent le mieux ; cependant ils subissent des réactions lentes et finissent par perdre toutes leurs qualités. La durée des vins dépend de leur nature : les vins de Champagne non mousseux se conservent moins longtemps que ceux de Bourgogne, ceux-ci que ceux de Bordeaux, et ces derniers moins longtemps que les vins liquoreux très-riches en alcool.

Les vins n'acquièrent le maximum de leur valeur qu'après un certain temps de conservation en bouteille ; passé ce temps, ils se détériorent.

La durée du *vieillissement* d'un vin dépend non-seulement de sa nature, mais aussi des circonstances dans lesquelles on le place.

Si on le conserve dans une cave profonde, à température invariable et à l'abri de la lumière et des courants d'air, il ne se modifie qu'avec une lenteur extrême.

Si, au contraire, on l'expose à des températures très-variables et à la lumière, il se modifiera en peu de temps et pourra même s'altérer rapidement.

En choisissant entre ces deux extrêmes, on peut vieillir les vins presqu'aussi promptement qu'on le veut. Il conviendra, dans tous les cas, de les mettre à l'abri de la lumière directe du soleil, car elle altère leur matière colorante d'une manière notable.

Les vins que l'on fait voyager vieillissent en moins de

temps que ceux que l'on conserve dans des caves. Cela est dû précisément à l'agitation et aux variations de température qu'ils éprouvent.

Les anciens Romains conservaient certains vins dans des greniers. J'ai souvent répété cette expérience et j'ai trouvé qu'ils y vieillissent très-rapidement.

En résumé, les vins conservés dans une cave profonde se font très-lentement, car rien n'est plus contraire aux réactions chimiques que le repos, une température basse, invariable, et l'absence de toute lumière; dans un chai, ils se feraient en moins de temps; et dans un grenier, ils se bonifieraient en moins de temps encore.

Les vins ordinaires du commerce se vendent rarement tels qu'ils ont été récoltés; le moins qu'il puisse leur arriver est d'être mélangés avec des vins inférieurs. C'est à ces opérations que l'on donne le nom de *coupage*. Le plus ordinaire est fait avec des petits vins blancs que l'on colore avec des vins rouges de Cahors ou de la Provence. Ce mélange n'a, en réalité, rien de blâmable; car avec des vins dont on ferait difficilement un usage journalier on fait des vins qui ne sont point désagréables et qui sont généralement acceptés, même lorsque l'on en connaît l'origine. La fraude n'a réellement lieu que lorsque l'on donne des mélanges pour des vins purs ou d'une provenance déterminée.

Lorsque l'on mêle différents vins, il arrive souvent que leurs éléments ne peuvent demeurer ensemble : ils se troublent et il se forme un précipité que l'on peut généralement séparer par la clarification.

Les vins qui sont saturés de tartre précipitent lorsqu'on les réunit à des vins riches en alcool. Les vins astringents

précipitent aussi lorsqu'on les unit à des vins contenant du
ferment. Ces derniers vins déterminent la fermentation de
ceux qui contiennent du sucre. Il faut attendre que celle-ci
soit terminée et avoir soin d'entretenir les tonneaux pleins ;
mais il est préférable d'y ajouter du tannin et de les clarifier avant d'en opérer le mélange.

Les vins trop faibles sont quelquefois remontés avec de
l'alcool ; mais l'addition de ce dernier corps n'a que trop
souvent lieu pour masquer la présence d'une certaine quantité d'eau. Nous avons vu précédemment comment cette
fraude peut être reconnue.

La saveur des vins *plats* peut être remontée avec de la
lie d'un vin d'une qualité supérieure, ou par l'addition d'une
petite quantité d'acide tartrique.

Il en est qui ajoutent du sucre au vin, mais cela ne peut
être fait que par les marchands au détail et à mesure de la
consommation. Sans cela, si le vin sucré contenait la moindre quantité de ferment il se troublerait et entrerait en fermentation. C'est principalement à Paris que cette fraude
est mise en pratique.

Le coupage des vins est une véritable science, qui est
tenue aussi secrète que possible par celui qui la possède.
Si elle ne servait qu'à les améliorer, nous n'aurions qu'à
féliciter ceux qui la mettent en pratique ; mais malheureusement il n'en est point toujours ainsi.

Les vins qui n'ont pas été conservés avec tous les soins
qui leur conviennent, peuvent éprouver diverses altérations
que l'on nomme *maladies*. Les principales maladies des
vins sont : l'acescence, la fermentation visqueuse, la moisissure, et l'odeur d'hydrogène sulfuré qu'ils possèdent

lorsqu'ils proviennent de vignes qui ont été soufrées.

Les vins qui ont éprouvé l'acescence ou qui contiennent de l'acide acétique (acide du vinaigre), prennent le nom de *vins piqués*.

On peut remédier à cet inconvénient en saturant l'acide acétique par une base que l'on doit employer de préférence à l'état de carbonate et de bicarbonate. Le carbonate de chaux (craie bien pure ou marbre en poudre), et le bicarbonate de potasse ou de soude, peuvent servir pour cet usage; mais en saturant l'acide acétique on sature aussi l'acide tartrique ou le tartrate acide de potasse, et le vin se trouve considérablement modifié dans sa saveur. En outre, il se forme de l'acétate de chaux ou de potasse, qui est soluble et demeure dans le vin, où il ne doit point exister.

Après la saturation, le vin pourrait être agité avec une lie de bonne qualité qui lui rendrait une partie des produits qu'il aurait perdus, et il faudrait ensuite le laisser reposer et le clarifier.

On a eu la malencontreuse idée de saturer les vins piqués avec de la litharge en poudre. Ce produit est un oxyde de plomb qui donne naissance à de l'acétate de plomb très soluble et qui reste dans le vin. Ce sel a une saveur sucrée, mais il a le grave inconvénient d'être un poison très-dangereux. Les personnes qui font usage des vins qui en contiennent ne tardent pas à éprouver de violentes coliques et tous les symptômes de l'empoisonnement par les sels de plomb; aussi la loi punit-elle sévèrement ceux qui font usage de ce procédé pour corriger les vins piqués.

La présence du plomb est facile à reconnaître dans le vin. S'il est blanc, il suffit d'y ajouter une dissolution d'un sulfure soluble ou d'hydrogène sulfuré pour obtenir un précipité noir de sulfure de plomb. Par l'acide sulfurique ou les sulfates on obtient un précipité blanc; par le chromate de potasse on a un précipité jaune; et par une lame de zinc on aurait après quelques heures des cristaux lamellaires de plomb. On a souvent indiqué la dissolution de foie de soufre (polysulfure de potassium) comme donnant un précipité noir avec les sels de plomb; mais c'est une erreur : le précipité fourni dans cette circonstance est d'un jaune foncé sale.

Si le vin est rouge, on peut le décolorer par le chlore. Le chlorure de plomb est très-peu soluble dans l'eau; mais comme les vins ne contiennent jamais qu'une faible quantité de ce métal, il en résulte qu'il ne peut être précipité dans cette circonstance et qu'il demeure dissous. On opère ensuite comme cela vient d'être dit pour le vin blanc.

Les vins piqués peuvent être corrigés par un procédé préférable aux précédents; car lorsque l'acide acétique n'est point en trop grand excès, il est possible de l'enlever sans y laisser aucun produit étranger. Pour obtenir ce résultat, il suffit de fouetter le vin avec du lait écrémé. Le lait se coagule, se sépare, et l'on achève de l'enlever par une clarification, s'il le faut. La crème doit être enlevée, car elle ferait introduire inutilement dans le vin le beurre qu'elle contient. Dans cette opération, la matière caséeuse s'empare de l'acide acétique et forme un composé insoluble avec lui.

L'expérience suivante pourra vous donner une démonstration de ce qui vient d'être dit :

Si l'on ajoute deux quantités d'acide acétique parfaitement égales, l'une dans un volume donné d'eau distillée, et l'autre dans un égal volume de lait écrémé, on voit par l'emploi du papier de tournesol que l'eau est devenue acide et le rougit fortement, tandis que le lait filtré, après avoir été coagulé par l'acide acétique, ne rougit nullement un papier de même nature.

Les vins qui tournent au gras sont ceux qui contiennent un excès de ferment. On les corrige par l'emploi du tannin et la clarification. Cet accident, qui est fort commun pour les vins de Champagne, n'arrive jamais dans nos contrées, parce que le vin contient toujours un excès de tannin qui ne permet pas au ferment de s'y trouver en même temps que lui.

On doit à M. François une Notice spéciale sur cet objet.

A l'époque du printemps, les vins subissent généralement un travail intérieur. Il arrive souvent que des vins inférieurs et tenus en vidange depuis longtemps, se couvrent de parcelles blanches qui produisent un effet désagréable à la vue. La matière qui apparait sous cette forme est en lamelles de grandeurs variables et à bords qui paraissent cassés. Elle est probablement due à l'altération d'une matière azotée, et dans bien des cas à la matière animale employée sans discernement pour clarifier les vins. Elle est formée de particules et semblerait être un être organisé, un mycoderme par exemple; mais c'est une simple membrane qui doit son existence à ce que les produits qui la forment ont une densité moindre que celle du vin et viennent se rassembler à sa surface.

Les vins qui présentent ce mode d'altération sont toujours plus ou moins troubles. Il convient de les agiter avec de la bonne lie, d'y ajouter un peu de tannin et de les clarifier ensuite.

Les vins mal soignés et introduits dans de vieilles barriques mal nettoyées prennent quelquefois une odeur de *moisi*, due à de petites plantes cryptogames qui ressemblent à des champignons et que l'on nomme *moisissures*.

On peut remédier à cet inconvénient en ajoutant des amandes pilées au vin et les agitant fortement ensemble.

L'huile des amandes s'empare du produit odoriférant. Il faut clarifier ensuite.

Une pièce dont les parois ont été moisies ne peut être suffisamment nettoyée qu'autant qu'on la remplit complétement pour la rincer définitivement. Eût-on râclé tout le bois de la pièce de manière à enlever la dernière trace de moisissure, que celle-ci se reproduirait avec une rapidité étonnante si l'on n'avait rempli la pièce d'eau, comme cela vient d'être dit.

Les moisissures, comme l'oïdium, se reproduisent par des sporules qui flottent dans l'air, et l'on ne peut les enlever en agitant un vase avec de l'eau ; il en reste toujours en suspension dans ce premier fluide, et il est indispensable de l'expulser entièrement pour qu'il n'en demeure point dans la pièce. La combustion d'une mèche soufrée peut parfaitement réussir ; car l'acide sulfureux qui se produit dans cette circonstance tue tous ces petits êtres et leurs sporules.

Les vins provenant de vignes soufrées présentent quelquefois une odeur très-désagréable d'hydrogène sulfuré. Cette odeur, qui ne permet pas de les livrer à la consommation, a fait que beaucoup de viticulteurs ont préféré s'exposer à perdre leurs récoltes par la funeste influence de l'oïdium plutôt que de faire usage du soufrage.

Il est facile de détruire cette odeur sans altérer sensiblement les vins qui la possèdent.

J'ai remarqué, ainsi que nous l'avons vu précédemment, que du raisin qui ne présentait aucune trace de soufre à sa surface, qui était d'ailleurs très-bon à manger, et qui par conséquent ne contenait pas de sulfure, pouvait cependant donner un vin possédant une très-forte odeur d'hydrogène sulfuré. Il résulterait de ce fait, que le soufre peut former un composé soluble, probablement oxygéné, qui pénètre dans la vigne, circule avec sa sève et parvient dans le raisin. Ce produit serait réduit pendant la fermentation et donnerait naissance à un sulfure. Ce sulfure décomposé par l'acide du vin, donnerait de l'hydrogène sulfuré.

Lorsque l'odeur de l'hydrogène sulfuré est très-faible, il suffit de soutirer le vin, en le faisant couler à l'air, pour le désinfecter entièrement : l'hydrogène sulfuré s'échappe ou il est détruit par l'oxygène de l'air, qui donne naissance à de l'eau et met le soufre en liberté. Dans cet état, il est insoluble dans le vin et s'en sépare par le repos. Cette opération nuit à la qualité du vin en lui faisant perdre une partie de son arôme.

M. de La Vergne détruit l'hydrogène sulfuré par l'*acide sulfureux* qu'il est facile d'obtenir en brûlant une mèche soufrée dans un tonneau. On le remplit en partie seulement avec le vin altéré. On l'agite ensuite pour dissoudre l'acide sulfureux, et on le remplit peu à peu et agitant à chaque fois.

L'acide sulfureux et l'hydrogène sulfuré pourraient facilement donner naissance à de l'eau et à du soufre insoluble, qui se déposerait comme cela est indiqué par cette équation :

Acide sulfureux.		Hydrogène sulfure.		Eau.		Soufre.
SO_2	$+$	$2\,SH$	$=$	$2\,HO$	$+$	$3\,S$

Si l'on mêle, ainsi que vous le voyez, une dissolution d'hydrogène sulfuré et une dissolution d'acide sulfureux, la liqueur se trouble légèrement, mais tout le soufre qu'elle contient est bien loin d'être séparé. On peut en avoir la preuve en ajoutant du chlore dissous à une même quantité d'hydrogène sulfuré également dissous; le précipité de soufre est alors beaucoup plus abondant, quoiqu'il doive y en avoir un tiers de moins, puisque le soufre donné par l'acide sulfureux ne peut s'y trouver.

Le chlore peut être employé avec succès pour détruire l'hydrogène sulfuré et les sulfures que le vin peut contenir. Si l'on en mettait en trop grande quantité, il détruirait de la matière colorante; mais tant qu'il y a de l'hydrogène sulfuré ou un sulfure dans le vin, il ne l'altère point. Cependant, si elle était en partie détruite, on pourrait la rétablir par l'addition d'une quantité convenable de vin sulfuré mis de côté exprès pour cela.

On peut, par un essai préalable, déterminer exactement la quantité de chlore qu'il faut employer par hectolitre de vin. Pour cela, il faut préparer quelques litres d'une dissolution concentrée de chlore, introduire une partie de cette dissolution dans une burette divisée en centimètres cubes et dixièmes de centimètres cubes. D'une autre part, on mesurera un décilitre du vin à corriger et l'on y ajoutera lentement la dissolution contenue dans l'éprouvette jusqu'à ce que l'odeur sulfureuse soit détruite. On lira alors sur la burette combien on aura employé de dissolution chlorée.

Le decilitre étant le millième de l'hectolitre, et le centimètre cube étant le millième du litre, il est facile de conclure qu'à chaque hectolitre de vin il faudra ajouter autant de litres de la dissolution chlorée avec laquelle on aura opéré, qu'il aura fallu de centimètres cubes ou de fractions de centimètres cubes pour précipiter le soufre d'un décilitre de vin.

Ce dernier procédé a l'inconvénient de faire ajouter de l'eau au vin. On pourrait l'éviter en grande partie en faisant passer directement un courant de chlore lavé dans le vin altéré, jusqu'à ce que l'on ait presque entièrement détruit l'hydrogène sulfuré, et agir ensuite comme il vient d'être dit pour achever l'opération. On pourrait encore obtenir un résultat satisfaisant, si l'on dosait avec soin les quantités de matières employées pour produire le chlore.

Il y a déjà plusieurs années que j'ai indiqué ce procédé dans les leçons de ce cours. Il peut être mis facilement en pratique par tous les pharmaciens, et quelques hommes intelligents pourraient s'en occuper exclusivement.

Je termine ici, Messieurs, ce que j'avais à vous dire sur la vigne, l'oïdium et le vin. Je me suis efforcé de rassembler les faits épars de la science, d'y joindre ceux qui sont dus à ma propre observation, et de vous les soumettre. Quoique l'exposition en ait été rapide, j'ose penser qu'à l'aide des études préalables que nous avons faites ensemble, vous avez pu me comprendre, les apprécier, et qu'il vous sera possible d'en faire l'application.

Si de nouveaux faits se reproduisent d'ici à l'année prochaine, je m'empresserai de vous les communiquer.

NOTICE

SUR LA

PRÉPARATION DES BOISSONS ARTIFICIELLES

PROPRES A REMPLACER LE VIN.

———

En 1855 j'ai publié une Notice très-concise sur la préparation des boissons propres à remplacer le vin. Les motifs
qui m'ont conduit à faire cette publication persistant toujours, je crois devoir la reproduire en en retranchant toutes
les parties qui se trouvent développées dans les leçons précédentes.

Le vin étant devenu une boisson de luxe ou d'un prix
trop élevé pour la plupart des travailleurs, mon intention
principale, en publiant cette Notice, était de leur donner
les moyens de préparer à peu de frais des boissons agréa-
bles et propres à entretenir et à réparer les forces qu'ils
dépensent dans l'intérêt général.

Elle pouvait être également utile aux armées en campagne, aux navigateurs et à ceux qui, se trouvant à l'étranger, y rencontrent des boissons qui ne leur plaisent pas.

La rapidité, la facilité de leur préparation, ainsi que le
faible poids des matières qui servent à les confectionner,
les rendent précieuses pour ces cas spéciaux, et leur donnent même un avantage réel sur le vin.

Habitués à trouver des boissons toutes faites dans le

commerce, nous ne nous occupons point de leur préparation.

Cependant, lorsqu'elles viennent à manquer, leur utilité
étant incontestable, il convient d'y suppléer et de consacrer
au moins quelques instants à leur confection.

Les boissons indiquées dans cette Notice peuvent être
faites avec une facilité extrême : les unes sont le résultat
de la fermentation, et cette opération n'exige aucun soin ;
les autres ne sont que de simples mélanges que l'on peut
préparer instantanément.

Il serait difficile et peu convenable peut-être de chercher
à imiter le vin ; mais on doit au moins s'efforcer d'obtenir
des boissons agréables à boire et possédant des propriétés
qui les rapprochent de celles que nous consommons ha-
bituellement.

Dans ma première Notice, si je n'ai donné aucune formule pour faire du vin artificiel, j'ai fourni au moins le
moyen d'en augmenter considérablement la quantité en
transformant les piquettes en boissons agréables, et pouvant même, dans bien des cas, être préférables aux vins
tirés du même raisin qu'elles. J'ai donné, en outre, une
formule qui donne une bière excellente, que j'ai préparée
un grand nombre de fois. Les autres boissons avaient une
moindre importance, mais elles avaient cependant l'avantage de pouvoir être préparées en tous lieux et avec une
extrême facilité.

Si l'on considère la composition générale des boissons
usuelles, on voit qu'elles renferment toutes de l'eau, qui en
fait la base, de l'alcool, un acide et un principe amer ou
astringent ou excitant et quelques sels minéraux.

L'eau suffit pour entretenir la vie. Dans les temps primitifs elle a dû être la seule boisson; il est même un grand nombre de peuples qui n'en consomment pas d'autre; mais elle est loin de leur donner la force et l'énergie que l'homme puise dans l'usage modéré des boissons fermentées et notamment du vin. Elle est débilitante plutôt que tonique, et à une dose élevée elle est même nuisible.

Les peuples qui ne boivent que de l'eau font un usage journalier de matières excitantes, telles que le bétel, le tabac, l'opium (¹), le café. Dans les boissons des peuples de l'Europe occidentale, ces principes sont remplacés par l'alcool. En outre, les vins rouges de Bordeaux, qui sont véritablement toniques et que les médecins prescrivent à leurs malades à l'exclusion de tous les autres, contiennent un principe astringent, et la bière ne devient d'un usage supportable que parce qu'elle renferme un principe amer. En outre, toutes nos boissons fermentées, en y comprenant la bière, possèdent une certaine acidité.

L'acidité du vin est principalement due à la présence du tartrate acide de potasse (crême de tartre), et ce sel, par la potasse qu'il renferme, exerce sur l'homme un effet tonique des plus considérables, parce que les muscles, qui sont tout à la fois les dépositaires et les dispensateurs de la force qui se développe en lui, exigent la présence de cet alcali, qui entre normalement dans les liquides qui imprégnent leurs tissus.

C'est donc à l'aide de l'eau, d'un principe excitant, tonique ou astringent et d'un acide, et notamment du tartrate

---

(¹) L'opium est très-excitant dans les premiers moments qui suivent son emploi; mais il devient promptement stupéfiant et produit une espèce d'ivresse.

acide de potasse, qu'il convient de préparer les boissons artificielles.

L'eau se trouve partout. L'alcool sera produit par la fermentation à l'aide du sucre en présence d'un ferment, ou simplement pris dans le commerce; et comme on peut faire des boissons usuelles très-convenables, qui n'en renferment que cinq centièmes au plus, on voit qu'avec un hectolitre de ce liquide, on pourra en préparer au moins vingt d'une boisson très-potable. Il pourra d'ailleurs être remplacé par d'autres liquides spiritueux, tels que l'eau-de-vie, le rhum et le tafia. En admettant d'une manière générale que ces liquides contiennent la moitié de leur volume d'alcool, ce qui se rapproche de la vérité, on verra que pour remplacer un litre de ce dernier liquide, il en faudra deux des derniers.

Le café et le thé renferment tous deux un même principe cristallisable, éminemment excitant, la caféïne ou la théïne. Le café torréfié contient, en outre, un principe amer, et le thé, un principe astringent.

La crème de tartre, peu soluble dans l'eau, devra être employée dans la préparation des boissons fermentées, et l'acide tartrique, beaucoup plus acide, beaucoup plus soluble, et procurant une même saveur pour une quantité beaucoup plus faible, devra être employé pour les boissons faites par mélange.

Les boissons seront, ainsi que cela a déjà été dit, divisées en deux groupes : celles préparées par la fermentation et celles obtenues par de simples mélanges.

BOISSONS PRÉPARÉES PAR FERMENTATION.

Amélioration de la piquette.

Ainsi que cela a été dit précédemment (voir page 69), on peut considérablement améliorer la piquette et en augmen-- ter la quantité. La boisson qui la remplace ressemblant beaucoup au vin et pouvant même passer pour du vin dans la plupart des cas, mérite une attention toute spéciale de la part des viticulteurs. Au lieu d'un liquide acide, dés- agréable à boire et nuisant aux fonctions de l'estomac plu- tôt qu'il ne les favorise, on obtient un produit agréable et qui la remplace de la manière la plus avantageuse.

On sait qu'en délayant le marc de raisin dans de l'eau et soumettant ce mélange à la fermentation, on obtient une liqueur qui porte le nom de *piquette*.

Cette boisson ne contient qu'une très-faible quantité d'alcool, 1 à 2 centièmes au plus, dont la saveur est rele- vée par de l'acide tartrique ou du tartrate acide de potasse, et une espèce de tannin ou un principe astringent qui est principalement puisé dans la rafle du raisin.

Au lieu d'eau, si l'on emploie une dissolution de sucre et si l'on soumet le tout à la fermentation, il se développe de l'alcool dont la quantité est proportionnelle à celle du sucre employé. Cet alcool, s'ajoutant à celui que donnent les dernières portions de sucre de raisin qui n'a pu être séparé du marc par la presse, aide à la dissolution des di- verses matières contenues dans le marc, et la piquette ainsi préparée est beaucoup plus riche que celle que l'on obtient ordinairement.

La quantité d'eau sucrée que l'on peut ajouter au marc

de raisin peut être plus considérable que celle de l'eau simple, qui ne peut dépasser certaines limites, parce qu'elle donnerait une liqueur contenant si peu d'alcool, qu'elle ne pourrait se conserver.

On pourra ajouter sur le marc du raisin autant d'eau que l'on a tiré de vin, et cette eau devra tenir en dissolution autant de fois 1^k700 de sucre que l'on voudra obtenir de litres d'alcool.

Si l'on admet que la piquette simple ou ordinaire contient $2/100^{es}$ d'alcool et si l'on veut qu'elle en contienne 5, il faudra ajouter trois fois la quantité de sucre qui vient d'être indiquée, par hectolitre d'eau, soit 5^k100.

La dissolution sucrée devra être versée sur le marc. Si la saison est avancée et si la température est basse, on pourra la porter à 25° par un mélange d'eau bouillante. Elle se refroidira dans la cuve, et la fermentation commencera aussitôt.

Il faudra bien se garder de verser l'eau bouillante dans la cuve et d'y ajouter ensuite de l'eau sucrée; on ferait ainsi perdre au ferment la propriété de transformer le sucre en alcool.

On laissera marcher la fermentation jusqu'à ce qu'elle soit terminée, et l'on décuvera comme s'il s'agissait de faire du vin ordinaire (Voir ce qui est relatif à la préparation du vin, p. 65 et suivantes).

L'eau sucrée pourrait être remplacée très-économiquement par du suc de sorgho à sucre, ou par de l'eau dans laquelle on en aurait fait macérer les tranches. Un viticulteur qui tient à contenter ses ouvriers, devrait cultiver une certaine quantité de sorgho exprès pour cet usage.

Piquette artificielle.

On fait une espèce de piquette artificielle avec une dissolution de sucre et du raisin ou d'autres fruits secs. Cette boisson peut être améliorée par la présence de l'acide tartrique ou de la crème de tartre.

La lie de vin est très-utile pour la préparation de ces boissons; car elle contient du tartre (tartrate acide de potasse), du ferment quand elle n'est point trop ancienne, et de la matière colorante.

Le sucre peut être remplacé par de la mélasse de canne. La mélasse ne contenant en moyenne que 60/100es de sucre réel, il en faut 1666 grammes pour tenir lieu d'un kilog. de sucre pur, et 2^{k}855, pour remplacer les 1,700 grammes de sucre qui donnent un litre d'alcool.

On peut employer les proportions suivantes :

Eau	1 hectol.
Sucre	5 kil.
Raisin sec	6 kil.
Acide tartrique	100 grammes.
Lie de vin	quelques litres.

Le sucre et l'acide tartrique seront dissous dans l'eau. Ensuite on y ajoutera la lie de vin.

D'une autre part, le raisin sec devra être écrasé légèrement de manière à déchirer son enveloppe sans en endommager les pepins, parce que ceux-ci contiennent de l'huile qui nuirait à la fermentation et donnerait d'ailleurs une saveur spéciale à la piquette.

Le raisin ainsi préparé sera ajouté à la dissolution de sucre, et le tout sera fortement brassé, puis abandonné au repos. La fermentation s'établira; mais comme elle est lente et que l'alcool pourrait s'évaporer à mesure qu'il se produirait si l'on ne prenait des précautions pour l'en empêcher, il convient de faire cette opération dans un vase couvert et ne laissant qu'une faible ouverture pour donner issue au gaz carbonique qui se produit.

Si cette boisson est mise en bouteille avant que la fermentation soit terminée, elle devient mousseuse.

Lorsqu'elle est préparée, elle contient au moins 4/100 d'alcool et ne coûte pas 15 centimes le litre.

Si la fermentation ne se développait pas, on pourrait la faire naître par l'addition d'environ 200 grammes de levure de bière lavée.

La levure contient toujours une quantité notable de bière qui communiquerait de l'amertume à la piquette. On évite cet inconvénient en la lavant : pour cela, on tend un linge fin sur un châssis, on la dépose sur ce linge et on l'y lave en ajoutant de l'eau.

Le lavage est terminé quand l'eau qui a traversé la levure n'a plus ni l'odeur ni la saveur de la bière.

Bière facile à préparer.

On a publié une foule de recettes pour préparer de la bière; mais, dans ces recettes, on a plutôt été guidé par une extrême économie que par l'intention de faire une boisson qui pût rivaliser avec les meilleures de celles qui sont connues.

La recette suivante donne une bière excellente, qui peut être prise comme rafraîchissement ou bue en mangeant.

La préparation de cette bière n'exige que les vases qui doivent la contenir et une chaudière dont la capacité soit environ le cinquième de celle de la cuve où l'on opère la fermentation.

Les matières employées doivent être aussi bonnes que possible, si l'on désire obtenir un succès complet. Elles sont au nombre de cinq, en y comprenant l'eau qui est indispensable à la préparation de toutes les boissons.

Eau...	1 hectolitre.
Mélasse de canne (1)	8 kilogrammes.
Crême de tartre en poudre...........	150 grammes.
Houblon	400 grammes (2).
Levure de bière (maximum) (3).......	500 grammes.

La crême de tartre devra être dissoute dans 80 litres d'eau. Comme elle se dissout fort lentement, il faudra s'y prendre d'avance et agiter le mélange de temps en temps, ou bien employer quelques litres d'eau bouillante.

La mélasse ou la cassonnade sera ensuite dissoute dans les 80 litres de dissolution de crême de tartre.

D'une autre part, la levure sera délayée dans 4 litres de la dissolution de crême de tartre et de mélasse.

Ce mélange sera abandonné à lui-même jusqu'à ce qu'il soit en pleine fermentation. Cela sera facile à voir au mouvement qui s'opèrera dans le liquide, aux bulles de gaz qui viendront crever à sa surface, et à l'écume épaisse qui la recouvrira.

(1) Il est indispensable que la mélasse provienne du raffinage du sucre de canne. Autrement, elle communiquerait à la bière une odeur et une saveur détestables. On peut la remplacer avantageusement par de la cassonnade de *canne*.

(2) Cette quantité peut être réduite de moitié.

(3) La levure de bière n'ayant pas toujours la même consistance, il faut en employer d'autant plus qu'elle est plus fluide; 250 grammes de levure en pâte ferme seraient plus que suffisants.

Arrivé au point qui vient d'être indiqué, le mélange contenant la levure sera ajouté au restant de la dissolution de crème de tartre et de mélasse.

La fermentation continuera dans toute la masse, et lorsque l'on verra qu'elle est près d'être terminée, lon fera bouillir le houblon à deux reprises, mais pendant dix minutes au plus chaque fois, dans les 20 litres d'eau restante que l'on divisera en deux parties égales.

La décoction de houblon sera passée dans une passoire ou un tamis, et lorsque sa température se sera abaissée *au moins* à 60 degrés du thermomètre centigrade, elle sera ajoutée au produit de la fermentation. Si l'on n'a point trop attendu pour ajouter le houblon, la fermentation reprendra son cours, et lorsqu'elle sera terminée, il faudra transvaser la bière dans un deuxième vase en la décantant. Ce vase devra ensuite être fermé, en laissant quelques fissures pour donner issue au gaz carbonique qui pourrait se développer encore.

Après quelques jours de repos, la bière pourra être mise en bouteille en la décantant avec le plus grand soin.

Le résidu trouble sera clarifié par les moyens ordinaires.

Cette bière n'exige pas plus de huit jours pour être potable. En quinze jours, tout compris, elle devient très-mousseuse lorsqu'elle a été mise en bouteilles.

Le lieu qui convient le mieux pour préparer cette bière est une cellier ou un chai.

Les vases peuvent être en bois ou en terre cuite. Ces derniers sont préférables aux premiers.

Les précautions à prendre sont les mêmes que celles qui conviennent à la fermentation du vin.

Si l'on préparait une grande quantité de bière dans un

lieu étroit et peu aéré, il faudrait prendre garde à l'asphyxie qui résulterait de la respiration du gaz carbonique s'échappant du liquide pendant la fermentation.

Il ne faudrait point pénétrer dans un lieu où une bougie s'éteindrait, avant d'en avoir renouvelé l'air le plus complétement possible.

Les bouteilles dans lesquelles on met cette bière, doivent être résistantes et les bouchons doivent être bien ficelés.

Les 8 kilogrammes de mélasse peuvent être remplacés avantageusement par 5 kilogrammes de sucre en pain. Ils valent maintenant à Bordeaux environ 5 fr. 20 c., et les 5 kilogrammes de sucre peuvent valoir 6 fr. 25 c.

La bière préparée avec les proportions de sucre ci-dessus indiquées, contient 5 0/0 d'alcool et une proportion de houblon aussi forte que celle qui entre dans les meilleures bières d'Angleterre. Malgré cela, son prix de revient est très-minime. Ce prix peut cependant être fortement réduit, car de la bière préparée avec 5 kilogrammes de mélasse au lieu de 8, et 200 grammes de houblon au lieu de 400, était très-agréable à boire ; elle s'est conservée en bouteille et est restée en bon état pendant plus de cinq ans.

Cette bière peut être colorée à volonté par du *caramel*.

La crême de tartre ajoutée dans cette bière, favorise la fermentation, s'oppose à une déperdition du sucre, et lui communique des propriétés spéciales qui font qu'elle peut être bue en mangeant. Cette crême de tartre est indispensable ; c'est sa présence qui distingue cette bière de toutes les autres et lui donne les qualités supérieures qu'elle possède.

La bière dont la préparation vient d'être indiquée, quoique bonne, pourrait encore être perfectionnée; mais il faudrait, pour cela, compliquer sa préparation qui n'exige presque aucun travail.

Boissons faites avec le suc du sorgho à sucre.

Le sorgho à sucre peut être une grande ressource pour les lieux privés de vignes et de pommiers. Le sucre qu'il contient permet de préparer des boissons fermentées très-agréables à boire et, de plus, fortifiantes et digestives si l'on y ajoute des produits convenables.

Il y a déjà plusieurs années que j'en ai recommandé la préparation dans mes leçons et dans les réunions de la Société d'Agriculture de la Gironde.

Le suc du sorgho peut être extrait avec une presse à cylindres; mais si l'on en est privé, il faut simplement couper transversalement la tige de cette plante avec un hache-paille et la faire macérer dans de l'eau. Dans le premier cas, on a du suc pur et très-riche en sucre; dans le second, on a le même suc très-étendu d'eau.

L'un et l'autre de ces liquides subit rapidement la fermentation quand on l'abandonne à lui-même; il donne ainsi une liqueur alcoolique, agréable à boire tant qu'elle contient de l'acide carbonique, mais qui devient rapidement plate et fade lorsque ce gaz est parti.

On facilite beaucoup la fermentation du suc de sorgho et en même temps on la rend plus complète, en y ajoutant 1 gramme de crème de tartre par litre.

Cette simple addition rend le liquide fermenté plus tonique, plus agréable et permet de le conserver pendant quelque temps.

Si l'on ajoute au suc de sorgho fermenté environ 10 grammes de cachou pour un hectolitre, il fournit une boisson astringente et tonique.

Si au lieu de cachou on y ajoute du houblon dans la proportion indiquée pour faire la bière précédente et de la même manière, on obtiendra une bière excellente.

Le sorgho vient facilement dans les landes du S-O de la France; il peut doter ce pays de boissons alcooliques dont son sol n'a pas produit les éléments jusqu'à ce jour, et que ses habitants sont obligés de se procurer par le commerce et à un prix relativement trop élevé pour que tous les agriculteurs puissent en profiter.

BOISSONS PRÉPARÉES PAR MÉLANGE.

On peut préparer des boissons très-utiles par le simple mélange de produits contenant les principes qui se rencontrent dans les boissons ordinaires.

Les matières qui se trouvent le plus répandues et que l'on peut se procurer avec facilité, sont, en général, l'eau, l'alcool ou un autre liquide qui en contient, un acide organique, un produit excitant, un produit astringent et un produit amer.

Les boissons qui contiennent du thé, du café ou du houblon, exigent la préparation préalable d'une infusion pour le premier de ces produits, et d'une décoction pour les deux autres. L'infusion est faite en versant de l'eau bouillante sur le produit, le thé par exemple, et en les laissant en contact, dans un vase fermé, pendant un temps déterminé.

On fait une décoction en faisant bouillir les produits dans l'eau. Pour cette opération, le vase peut être couvert; mais il ne peut être fermé complétement, parce qu'il faut laisser une issue à la vapeur qui se produit.

1ʳᵉ. — Grog.

Eau.............................. 1 hectolitre.
Eau-de-vie, rhum ou tafia (¹)...... de 4 à 6 litres.
Acide tartrique................. 150 grammes.

Cette boisson peut être bue aussitôt que l'acide tartrique est dissous.

Les liqueurs alcooliques peuvent être remplacées par 2 à 5 litres d'alcool à 80 ou 90 centièmes.

Cette boisson pourra être bue pure ou coupée avec de l'eau, selon la quantité d'alcool qu'on y aura fait entrer.

On pourrait en élever la richesse alcoolique jusqu'à 10 et 12 litres d'alcool ordinaire. Mais alors elle serait très-enivrante et devrait être bue avec ménagement ou coupée avec de l'eau.

2ᵐᵉ. — Thévin.

Thé............................. 500 grammes.
Eau............................. 1 hectolitre.
Eau-de-vie, rhum ou tafia (²)....... 4 à 6 litres.
Acide tartrique................. 150 grammes.

Faire infuser le thé à deux reprises, pendant une demi-heure chaque fois, dans quelques litres d'eau bouillante, pour l'épuiser complétement. Ajouter cette infusion au restant de l'eau, puis l'alcool, puis l'acide tartrique.

Cette boisson, lorsqu'elle est sucrée, est des plus agréables à boire, et si elle est faite avec de bon alcool *droit en goût,* elle prend immédiatement la saveur d'un excellent vin à odeur de thé.

(¹) Ces liquides peuvent être remplacés par la moitié de leur volume d'alcool.

(²) *Idem.*

3me. — Gloriade.

Eau...........................	1 hectolitre.
Café torréfié et moulu.............	2 kilogrammes.
Eau-de-vie, rhum ou tafia..........	4 à 6 litres.

Introduire le café dans un filtre ordinaire, l'humecter avec de l'eau; après une demi-heure, verser de l'eau bouillante jusqu'à épuisement complet.

Ce mélange est très-agréable, surtout s'il est sucré.

Le rhum se marie mieux avec l'arome du café que l'alcool. On ne peut ajouter d'acide tartrique à ce mélange, parce qu'il fait naître un précipité abondant qui le trouble et le rendrait par cela même désagréable à boire, à moins que l'on n'attende que le dépôt ne soit formé et que l'on ne décante la liqueur claire. Dans cet état, elle est d'une limpidité extrême; mais pour acquérir une saveur acide, elle a perdu quelques-uns de ses éléments constitutifs.

Cette boisson est une des meilleures que l'on puisse prendre pour remplacer le vin; elle est facile à préparer, d'une faible valeur, et se conserve bien.

Toute préparée, avec cinq centièmes de rhum, elle vaudrait au plus 120 fr. le tonneau ou le kilolitre.

4me. — **Humuline.**

Houblon.......................	200 grammes.
Eau...........................	1 hectolitre.
Eau-de-vie, rhum ou tafia..........	4 à 6 litres.
ou bien alcool ordinaire..........	2 à 3 litres.
Acide tartrique...................	100 grammes.

Dans cette liqueur, il y a une fois moins de houblon que dans la bière dont la formule a été donnée. Cela est dû à ce que la fermentation détruit une grande partie des principes actifs de ce produit, et à ce qu'il faut par conséquent en élever la quantité pour compenser cette perte.

Les liqueurs n⁰ˢ 2 et 5 paraissent d'abord désagréables à boire; mais on y est bientôt habitué, et alors elles sont bues avec plaisir.

Si on y ajoutait du sucre, elles seraient très-agréables, même l'humuline, qui est amère; mais elles seraient moins propres à être consommées pendant les repas.

En résumé, elles sont agréables, salubres, digestives, fortifiantes et excitent au travail.

Jamais ces boissons ne pourront rivaliser avec les vins supérieurs; mais elles sont infiniment préférables aux vins des environs de Paris, et surtout à l'eau, pour le travailleur et même le simple consommateur.

Elles permettent de suppléer à l'insuffisance des vendanges par des produits d'une tout autre origine, puisés dans la canne à sucre, dans le sorgho ou dans la betterave, qui croissent en d'autres lieux que la vigne, qui n'ont pas besoin d'entrer en fleurs pour donner des produits, qui échappent ainsi presque toujours aux accidents causés par l'intempérie des saisons, et qui, jusqu'à ce jour, n'ont point subi l'influence funeste du fléau qui ravage les vignobles.

Elles sont salubres, puisqu'elles sont formées avec des matières qui entrent dans les boissons les plus usuelles, telles que le thé, le café, la bière et le vin même.

Elles sont digestives, par suite des principes toniques, amers ou astringents qu'elles renferment et qui facilitent la digestion en excitant l'estomac.

Elles sont fortifiantes, par cela même qu'elles aident à la digestion.

Enfin elles excitent au travail par l'ensemble des principes qu'elles renferment, et notamment par la théïne et la caféïne, qui exercent une action spéciale sur le système musculaire et même sur l'ensemble du système nerveux, et jusque sur la partie à laquelle est dévolue l'intelligence.

Quelques-unes d'entre elles, telles que le *thévin* et la *gloriade,* ont pour les armées en campagne et pour les simples voyageurs un avantage réel sur le vin, qui ne peut être transporté qu'avec difficulté, et sur l'eau-de-vie seule, qui est enivrante et abrutissante.

Partout on trouve du thé, du café et de l'eau-de-vie ou du rhum pour tenir lieu d'alcool. Partout on peut préparer ces boissons. Quant à l'acide tartrique ou à l'acide citrique, il suffit de rappeler qu'avec 150 grammes et même 100 grammes de l'un d'eux, on peut préparer *cent litres* de boisson ; qu'il y en a plus qu'il n'en faut pour un homme qui fait un voyage d'Europe en Californie en doublant le cap Horn, et que chaque voyageur peut l'emporter non-seulement avec lui, mais sur lui.

Il faut ajouter enfin, que le suc de citron peut remplacer les acides tartrique et citrique.

FIN.

TABLE DES MATIÈRES.

Bordeaux, imp. G. GOUNOUILHOU, rue Guiraude, 11.

www.ingramcontent.com/pod-product-compliance
Ingram Content Group UK Ltd.
Pitfield, Milton Keynes, MK11 3LW, UK
UKHW021728090726
13657UKWH00002B/569